我国矿井水保护利用战略与工程科技

顾大钊 等 著

科 学 出 版 社

北 京

内 容 简 介

矿井水资源保护与利用已成为影响我国煤矿和金属矿绿色发展的关键问题。本书对我国煤矿和金属矿矿井水资源总体赋存情况和保护利用技术现状进行了系统的梳理，总结了国外矿井水利用的现状、特点及政策问题，为矿井水保护与利用领域指明了亟待突破的方向，提出了我国煤矿和金属矿矿井水优化利用的战略目标、技术路线和重点任务，对提高我国 2035 年矿井水利用率有重要的战略意义。

本书可作为矿业学科、水利学科、环境学科的科研人员、高校教师、相关专业的高年级本科生和研究生参考阅读，也可作为从事能源规划管理、水利工程、环境工程和矿井水保护利用工程技术人员的参考书，尤其对煤矿、金属矿水资源保护和利用具有参考价值。

图书在版编目(CIP)数据

我国矿井水保护利用战略与工程科技 / 顾大钊等著. —北京：科学出版社，2022.6

ISBN 978-7-03-072369-7

Ⅰ. ①我… Ⅱ. ①顾… Ⅲ. ①矿井水-水资源保护-研究-中国 ②矿井水-水资源利用-研究-中国 Ⅳ. ①TD74

中国版本图书馆CIP数据核字(2022)第089498号

责任编辑：范运年 冯晓利 / 责任校对：王萌萌
责任印制：师艳茹 / 封面设计：东方人华平面设计部

科学出版社出版
北京东黄城根北街 16 号
邮政编码: 100717
http://www.sciencep.com
三河市春园印刷有限公司 印刷
科学出版社发行 各地新华书店经销
*
2022 年 6 月第 一 版 开本：720 × 1000 1/16
2022 年 6 月第一次印刷 印张：10 1/4
字数：204 000

定价：248.00 元

(如有印装质量问题，我社负责调换)

本书作者名单

顾大钊　彭苏萍　袁　亮　蔡美峰
高从堦　李全生　李井峰　曹志国
张　凯　蒋斌斌　李　庭　杜文凤
陈要平　郭奇峰　刘立芬　郭　强
吴宝杨　杨　建　杨　毅　张海琴
卞　伟　许光泉　张　英

前　言

水是文明之源、生态之要、发展之需，2020 年我国水资源总量 3.1 万亿 m^3，人均水资源占有量 2214m^3，仅为世界平均水平的 1/4，中国已经被联合国列为 13 个贫水国家之一。从我国水资源开发利用总体格局来看，水资源将成为制约我国中西部地区矿产资源开发甚至整个国民经济高质量发展的重要因素。

党的十八大以来，党和国家高度重视水资源保护工作，2013 年出台了《矿井水利用发展规划》; 2014 年发布的《水污染防治行动计划》(水十条) 明确指出:“推进矿井水综合利用，煤炭矿区的补充用水、周边地区生产和生态用水应优先使用矿井水”; 2017 年发布的《扩大水资源税改革试点实施办法》在试点地区将矿井水纳入了征收范围; 2021 年发布的《关于进一步加强煤炭资源开发环境影响评价管理的通知》规定了矿井水在充分利用后确需外排，水质应满足或优于受纳水体环境功能区划规定的地表水环境质量对应值。这些政策的出台对我国水资源保护和矿井水的综合利用起到了重要的推动作用。

煤矿和金属矿等矿产资源是国民经济发展的重要物质基础。矿产资源的开采常伴随着大量矿井水的产生，随着我国矿产资源开发规模不断扩大，矿井水年排量随之逐步上升，但我国矿井水利用率还处于较低水平。经大量调研和计算，2018 年全国煤矿和金属矿矿井水产生量分别约为 68.8 亿 m^3 和 18.8 亿 m^3，全国煤矿矿井水平均利用率约为 35%，全国金属矿矿井水平均利用率约为 76%。因此，厘清我国矿井水资源保护利用现状，提出未来我国矿井水资源发展战略、目标与技术路线，推进矿井水资源的综合利用，对我国矿产行业的绿色发展和矿区生态文明建设具有重大意义。

在中国工程院“2035 我国矿井水保护利用战略与工程科技”重点战略咨询研究项目的支持下，历时两年，通过调研咨询、统计分析、专家咨询等方式，开展了近 10 年来我国矿井水资源量和利用现状的首次系统调查，分析了我国煤矿、金属矿的资源特征和矿井水保护利用现状及存在的问题，对我国中长期矿井水利用率进行了预测，提出了 2025 年、2030 年、2035 年我国矿井水利用率发展的总体目标，总结分析了我国矿井水保护技术、矿井水处理与利用技术发展历程与趋势，提出了“2+5+7+4”的我国矿井水保护利用工程科技发展路线和政策建议。本书研究成果进一步完善了我国大型矿区矿井水保护和利用技术，明确了我国矿井水工程科技发展的战略方向和实施路径，对进一步提升我国矿井水保护和利用科技水平具有指导意义。

本书是集体智慧的结晶。在“2035 我国矿井水保护利用战略与工程科技”项目的研究过程中，得到了中国工程院、国家能源集团、中国矿业大学(北京)、安徽理工大学、北京科技大学、浙江工业大学、中煤科工集团西安研究院等单位领导和专家的大力支持和协助，最终得以完成本书，恕不一一列出，在此一并致谢！由于本项目的研究任务较重，调研难度大，研究内容上很难做到完全充分，有不足之处，敬请读者批评指正！

作　者

2021 年 5 月

目　　录

第一章　绪　　论

一、研究背景及意义

矿产资源的开采常伴随着大量产水，例如，我国开采 1t 煤平均产生 2t 矿井水，荷兰开采 1t 煤平均产出 2t 矿井水，英国开采 1t 煤平均产出 3t 矿井水。矿井水的外排、渗漏造成的地表水和地下水污染，已成为影响世界各国矿产开发的主要问题。加强矿井水保护与利用，不仅可以降低污染，还能减少水资源的浪费。

党的十八大将生态文明建设纳入中国特色社会主义事业“五位一体”总体布局，提出了“创新、协调、绿色、开放、共享”的五大发展理念。党的十九大报告明确指出，我们要建设的现代化是人与自然和谐共生的现代化，既要创造更多物质财富和精神财富以满足人民日益增长的美好生活需要，也要提供更多优质生态产品以满足人民日益增长的优美生态环境需要，同时提出，统筹山水林田湖草系统治理，加大生态系统保护力度，实施重要生态系统保护和修复重大工程，优化生态安全屏障体系。在党中央的坚强领导下，我国生态保护工作正在全面贯彻落实“绿水青山就是金山银山”的理念，坚持“生态优先、绿色发展，以水而定、量水而行，因地制宜、分类施策，上下游、干支流、左右岸统筹谋划，共同抓好大保护，协同推进大治理，着力加强生态保护治理、保障黄河长治久安、促进全流域高质量发展、改善人民群众生活”。

党和国家高度重视生态文明建设，但目前国内严峻的水资源紧缺形势严重制约了经济与生态文明建设。在矿产开发过程中保护利用好宝贵的水资源，对保护和改善生态脆弱区的生态环境、推进矿产资源开发与环境保护的协调发展、促进矿区经济社会发展具有重要意义。以煤炭开采为例，目前晋、陕、蒙、宁、甘西部五省区煤炭产量占我国煤炭总产量的 70%和全球的 35%，但水资源仅占全国的 3.9%和全球的 0.2%，也就是说，西部五省区用全球仅 0.2%的水资源支撑了全球 35%的煤炭生产。同时，除了煤炭开采外，矿区周边还布局了大量的燃煤发电、现代煤制油、煤化工等高耗水产业。如果能将矿井水充分用于这些产业的发展，减少新鲜水用量，对实现地区经济发展与资源环境承载力提升意义重大。近年来，国家密集出台政策法规以推进矿井水保护与利用，如 2015 年 4 月中共中央、国务院印发《关于加快推进生态文明建设的意见》、2015 年 4 月国务院的《水污染防治行动计划》（简称“水十条”）及 2015 年 4 月国家能源局的《煤炭清洁高效利用行动计划(2015—2020 年)》。特别是在“水十条”中，明确提出“推进矿井水综合利用，煤炭矿区的补充用水、周边地区生产和生态用水应优先使用矿井水”。这给未来加强矿井水优化利用工作提出了更高的要求。基于此，本书以煤矿和金属矿为研究对象，分析矿井水水量、水质特点，对现有的保护和利用技术进行分析评估，提出矿井水保护利用的技术路线和发展方向，对矿区生态文明建设和采矿业的绿色发展具有巨大意义。

二、我国矿井水保护利用形势和研究进展

(一)我国矿井水保护利用面临的形势

1. 煤炭开采逐步向深部转移给矿井水保护利用带来新挑战

我国煤炭开发逐步向深部转移已呈明显趋势。以国家能源集团为例，神东矿区为开采条件最优的矿区，目前大部分矿井已转向下层煤开采，开采深度逐年增加。作为神东矿区接续矿区的新街矿区，深度更是达到 600～800m。开采向深部转移给矿井水保护利用带来诸多挑战：一是深部矿井水的水量预测难度更大，给矿井排水系统和水处理系统设计带来挑战；二是深部矿井面临矿山压力显现、冲击地压等灾害的风险更大；三是深部矿井地下水中矿化度普遍升高，给矿井水处理利用带来新挑战。

2. 矿区高质量发展给矿井水保护利用带来重要机遇

党的十九大报告对当前我国社会主要矛盾做出了与时俱进的新表述，强调中国特色社会主义进入新时代，我国社会主要矛盾已经转化为“人民日益增长的美好生活需要和不平衡不充分的发展之间的矛盾”。我国煤炭开发基地主要集中在西部地区，我国西部地域辽阔、资源丰富，在能源安全保障战略中占有重要地位，但目前经济发展相对落后，要加快西部地区的经济发展就要在利用资源优势的基础上，延伸与扩展相关产业的发展，这就势必对水资源有更大的需求。此外，西部地区的发展必须坚持五大发展理念，特别是绿色发展理念，真正树立和践行“绿水青山就是金山银山”理念，把建设美丽中国的部署落到实处。西部主要省区干旱少雨、生态脆弱，水资源短缺严重制约了经济与资源、环境之间的平衡发展，例如宁东地区，严重依赖黄河水资源，而随着地区经济发展，黄河水资源变得非常紧张，水资源置换仅能部分缓解用水需求，无法从根本上解决问题。综上，矿区高质量发展需求对水资源提出了更高的要求，矿井水作为重要的非常规水资源，其大规模高效利用可为我国矿区高质量发展提供必要的支撑。

3. 技术突破将为矿井水资源保护利用创造有利条件

利用科技攻关解决不断增长的水资源需求和煤的清洁化利用问题已经成为行业共识。通过科技部、中国工程院、国家发展和改革委员会等部门的论证，国家即将正式启动煤炭清洁高效利用重大专项，该专项围绕“绿色、清洁、高效”目标，重点推广一批先进适用技术，示范一批关键核心技术，研发一批重大前沿技术。实现煤炭绿色开发、煤炭高效发电、煤炭清洁转化、煤炭污染控制和碳捕集利用与封存等一批核心关键技术创新。矿井水保护与利用技术是其中一个重要的研究内容，通过重大项目的开展，形成一批水平高、效果显著的创新技术群，建设国家级研发平台和中试基地，建设一批示范工程，形成大型矿井水处理利用示范基地，为“2035 保障能源安全，改善环境质量，应对气候变化”提供有力支撑。

(二)我国矿井水保护利用研究进展

1. 矿井水保护重点由水害防治转向资源利用

20 世纪 90 年代之前，矿井水的焦点停留在其对煤矿建设与生产的灾害作用，因此，矿井水灾害的防治受到广泛关注。随着社会对水资源和生态环境的重视，我国大部分矿区(尤其是西部矿区)都面临着开采破坏水资源影响矿区生态和矿井水限制外排等问题。针对以上问题，研究者围绕不同地质条件下煤炭资源开采与水资源保护开展了多维度研究，重点研究了保水采煤地质基础、保水开采技术与工艺、地表生态植被与地下水关系、导水裂隙带发育高度预测及控制等方面，逐步完善了保水开采的基础理论，形成了“堵截法”(以岩层控制理论和技术为基础而研发具有抑制导水裂隙发育的采煤技术)和“疏导”法(以煤矿采空区储存与利用矿井水为基础的煤矿地下水库储水技术)两大技术体系。

对比分析两种矿井水保护方法，可以发现：“堵截法”的根本出发点是防止煤炭开采过程中对地下水系的扰动，最大程度上降低矿井水涌水量，进而降低煤矿发生水害的风险，该领域各项技术措施也日趋成熟，但是该技术方法忽略了矿井水的资源属性，没有考虑如何有效地利用矿井水。基于“疏导法”的煤矿地下水库技术则是将煤矿生产形成的矿井水视为一种资源，利用煤矿采空区对矿井水进行储存及净化，达到利用的目的，更加符合煤炭绿色开采理念中“煤水共采”的思路。此外，基于“堵截法”的各种技术(充填开采、限高协调开采、注浆截流技术等)制约煤矿的高效生产，基于“疏导法”的煤矿地下水库技术则不仅解决了高效利用矿井水资源的问题，同时不会影响煤矿生产效率，所以该技术的推广运用价值远大于前者。

2. 矿井水处理技术与装备与发达国家有一定的差距

随着我国矿产资源产业的不断发展，我国矿井水处理利用技术与装备经历了近20年的高速发展，由早期的简单沉淀处理，发展到“零排放”技术，矿井水处理技术和装备与发达国家的差距正在缩小。以中国矿业大学(北京)、北京科技大学等为代表的一大批高校和研究院所在矿井水产生机理、水质特征、处理工艺和材料研制方面进行了大量的研究，为矿井水处理技术的进步打下了坚实基础。同时，以国家能源集团、中国中煤能源集团有限公司(以下简称中煤集团)、中国黄金集团有限公司等为代表的一批大型矿产企业，通过合作研发，促进了大量先进技术装备的自主制造与大规模应用，尤其在作为世界难题的高矿化度矿井水“零排放”处理上，由于工艺复杂、装备难度高、对资金的需求量大，我国一直落后于发达国家。但经过上述科研机构与大型矿产企业的持续努力，目前我国已有多个成功的“零排放”应用案例。总体上，我国在矿井水处理与利用上取得了很多可喜的成果，但目前在基础材料(如膜处理材料)、处理药剂和复杂处理技术等方面，与发达国家有一定的差距。

3. 煤矿地下水库净化等井下处理技术处于世界领先水平

世界上绝大多数国家的地下矿山都是将矿井水排至地表进行处理，不仅耗费大量的能源来提升矿井水，还需要占用宝贵的土地资源建设地表处理站，且矿井水排至地表还会造成水资源蒸发浪费。我国科技工作者将矿井水处理与井下空间紧密结合，开发了矿井水井下处理技术体系与系列装备，将井下产生的矿井水直接在井下处理，处理后可直接回用于井下的生产、降尘和消防等，多余的矿井水还可存储于井下采空区改造的地下水库中，降低了矿井水总体处理成本，保护了水资源。其中最具代表性的煤矿地下水库采空区净化技术，充分利用了采空区中冒落岩体对矿井水的过滤、沉淀、吸附、离子交换等作用，实现了矿井水的低成本大规模净化。另外，井下处理技术中，还涌现出高密度沉降(重介速沉)、超磁分离、反渗透等适用于井下环境的优秀技术，并得到了一定规模的应用，取得了很好的处理效果。

此外，国家能源集团宁夏煤业集团的高矿化度矿井水井下处理项目正在建设中，即将投入运行，首次在国内实现高矿化度矿井水井下脱盐+浓水采空区安全存储的全套技术工艺与装备，为高矿化度矿井水处理提供了一种全新的技术路线。

4. 探索出了具有中国特色的矿井水大规模利用新路径

我国煤炭等矿产资源的开采强度和开采规模高于发达国家，产生的矿井水量较大，为了能够最大程度的利用矿井水，减轻对矿区环境的影响，除了与国外常见做法一样将矿井水回用于生活饮用水、生产用水、环境用水之外，还依据产业特点，探索出了供给煤化工等配套产业利用、矿区大范围综合生态恢复利用、专业化水务公司大区域调配利用等具有中国特色的新路径，有效提升了矿井水利用率，缓解了区域发展水资源短缺问题，并使矿区环境得到大幅改善。

三、国外矿井水利用现状及特点

(一)国外矿井水主要利用方式

国外对于矿井水的利用，除了传统的回用于矿产资源开发生产之外，还用于生活饮用、灌溉、工业和环境等领域。近年来，对于矿井水用于蓄热、蓄能发电以及回注的相关研究和应用逐渐增多。

1. 生活饮用水

国外很多矿区位于干旱少雨地区，水资源紧张，同时矿产开采又加剧了水资源消耗。为了建设环境友好型矿区，同时更好地履行社会责任，很多矿业公司利用矿井水为矿区居民供水，使当地居民从中受益。例如，印度尼西亚的PT Adaro公司，是印度尼西亚第二大煤炭企业，将处理过的矿井水供给矿区附近的Padang Panjang和Dahai两个村庄作为生活饮用水。这两个村庄的村民原先使用河水和井水，由于水质较差给村民带来了许多健康问题。为了给村民供水，PT Adaro公司修建了矿井水处理设施和长达15km的供水管网。该项目使超过5500名村民从中受益。另外，PT Adaro公司创新性地将矿井水处理设施交给村民自己管理与运营。运营管理人员由村民会议选出，并接受PT Adaro公司和相关专家的技术培训，提升了企业社会责任与形象。

2. 灌溉用水

世界上约有70%的水被用于农业。利用矿井水灌溉，有利于增加缺水矿区的耕种面积并提高产量。例如美国内华达州的Betz-Post金矿，每天产生约30万m^3矿井水，其中约3万m^3矿井水被用于灌溉2000hm^2的农作物。此外，矿井水还经常被用作干旱时的备用水源，但有些地区直接利用未经处理的矿井水进行灌溉，造成了土地盐碱化、土壤酸化和重金属超标等问题。因此矿井水利用前必须进行水质监测，并定期评估其环境影响。如果矿井水矿化度较高，浇灌前就必须先进行脱盐处理，如果属于酸性矿井水，必须先针对性地进行降低酸度和去除重金属的处理。

3. 工业用水

矿井水回用于矿石洗选、场地降尘、钻探活动等是最常见的工业利用方式。近年来，利用矿井水作为火电厂的冷却用水的研究越来越多，可以有效地减少火电厂从河流等水源的取水，并提高矿井水的利用率。根据火电厂使用的冷却系统，分为三种利用矿井水的方式。

方式 1：矿井水通过冷却回路后直接排放到环境中，适用于一次冷却系统。

方式 2：矿井水通过冷却回路后再进入冷却系统进行循环，仅补充因蒸发而损失的水量，适用于闭路循环冷却系统。

方式 3：矿井水通过冷却回路后，将其重新注入矿井中，适用于直通式和闭路循环冷却系统。

美国西弗吉尼亚大学的国家矿山复垦中心(NMRC)正在研究如何使用阿巴拉契亚盆地1万多个地下废弃矿井的近9.5亿m^3矿井水资源为该地区的热电厂供水。

4. 环境用水

矿井水的环境用途开始于20世纪80年代，并逐渐发展出湿地修复功能。湿地除了能处理酸性矿井水外，还创造了新的生态系统，增加了生物多样性。湿地处理过的矿井水可作为干旱期河流的补水。矿山中蕴含的大量矿井水在干旱时期也可以作为重要水源。

利用矿井水修建人工湖不仅创建了新的景观，而且还有利于恢复生态环境，在某些情况下，恢复程度甚至超过原来的环境丰富度。例如西班牙的 As Pontes 矿山，通过使用矿井水创建了一个新的湖泊，从而美化了周围环境，生物多样性甚至超过开采前。

水产养殖也是矿井水环境利用的一个重要途径。在确保矿井水水质的前提下，矿井水可以用于具有较高经济价值水产的养殖。水产养殖使用矿井水的最大优势是不存在生物污染物且温度适宜。美国马里兰州自然资源部和Mettiki煤炭公司研究评价了利用废弃煤矿的矿井水进行水产养殖的技术经济性，并成功将处理后的矿井水用于养殖褐鳟、虹鳟等鱼类。

5. 矿井水回注

废水回注技术在美国、欧洲有很长的研究和应用历史，近年来在采矿业，这种做法越来越受到重视。当面临严格的环境法规限制，特别是在环境敏感地区，矿井水无法外排处置时，回注是较为理想的可选方案，不仅规避了政策风险，还有效补充了地下水资源量。矿井水注入时无须达到很好的水质，因为地下岩层具有天然的过滤作用，可以将注入的矿井水自然净化。

南非的Kolomela铁矿位于南非开普省北部，开采活动破坏了地下含水层，为了控制地下水位下降，减小对地面农业和生态的影响，该矿利用钻孔每月向含水层回注约36000m^3矿井水，取得了很好的效果。

澳大利亚 Mt.Whaleback 铁矿位于澳大利亚西北的 Pilbara 地区，气候干旱，蒸发量大且降雨量极不均衡。每年抽取 1000 万 m^3 地下水供给铁矿生产和附近约6000 名居民用户使用，其中 700 万 m^3 地下水属于超采。为了调节降雨不均衡并补充地下水，每年将 790 万 m^3 的矿井水和地表河水注入地下含水层，支撑了当地水资源的可持续发展。此外，美国的 Betze-Post 金矿，德国的 Garzweiler 煤矿、西班牙的 Alquife 铁矿和 Las Cruce 铜矿等都采用了矿井水回注技术。

6. 用于蓄热

通常地温梯度约为 3℃/100m。地下水具有热能利用的潜力，采矿活动大大提高了从井下抽取地下水并利用其所含热能的潜力。欧洲开展了大量的研究和商业活动，对废弃矿井的矿井水低温资源进行了开发利用。德国埃森市的 Zollverein 矿的矿井水水温 27℃，被用来给 5000m^2 的建筑供热。在苏格兰，相关研究评估得出 1/3 的取暖需求可以通过废弃矿井的矿井水获得。苏格兰的 Midlothian 地区曾经规划设计了利用矿井水给一个大型建筑开发项目供暖，该项目包含 4000 多套住房、数千平方米的办公室和公共建筑。最成功的是荷兰 Heerlen 市的矿井水能源项目，2008 年 10 月启动了矿井水区域供暖系统的试点，目前该项目已升级为全面可持续的大型能源项目，项目升级的第一阶段自 2013 年 6 月开始运行，到 2015 年已达到为 50 万 m^2 建筑面积供能，降低了 65%的 CO_2 排放。

7. 用于蓄能发电

国外发达国家近年来利用废弃矿井地下空间和矿井水资源来建设抽水蓄能发电站的研究逐年增多。目前，以德国为代表的多个国家在该领域的研究已获得了一些成果，例如德国的杜伊斯堡-埃森（Duisburg-Essen）大学与鲁尔集团（Ruhr Group）合作，将位于德国北莱茵-威斯特法伦州（Nordrhein-Westfalen）的 Prosper-Haniel 煤矿改建成 200MW 抽水蓄能电站。该矿有超过 150 年的开采史，其地下约 25km 的巷道被改造成用来蓄能发电的水库，储存矿井水量超过 100 万 m^3。

8. 矿井水外排

由于国外发达国家的矿业开采规模和开采强度远小于我国，矿井水总量也相对较小，处理达标后外排对环境造成的影响不突出，因此，矿井水达标外排在国外是矿井水处置的重要方式。以澳大利亚新南威尔士州为例，中部的 Wilpinjong 露天煤矿在 2016 年 6 月至 2017 年 7 月间，共计产生矿井水约 444.5 万 m^3，其中有 184.7 万 m^3 外排，外排矿井水占比 41.6%；Illawarra 区域有 12 座生产煤矿，每年产煤约 1300 万 t，其中 1 座井工矿产生矿井水量约为 3000m^3/d，外排矿井水约 600m^3/d，外排矿井水占比 20%；位于中西部的 Ulan 煤矿 2015 年共产生矿井水 978.5 万 m^3，其中有 725.2 万 m^3 外排，外排矿井水占比 74.1%。

（二）国外矿井水主要处理技术

国外矿井水主要处理技术按照处理手段，可以分为主动处理技术和被动处理技术两大类。主动处理是指需要持续的人工操作、维护和监测，并使用外部能源、基础设施和工程系统的技术。被动处理是指不需要经常人工干预、操作或维护的过程，通常使用天然建筑材料(如土壤、黏土、碎石)，天然介质(如秸秆、木屑、植物残渣和天然矿物)处理的过程。被动处理是利用重力流、太阳能、风能等驱动水流。在选择矿井水处理技术时，关键因素包括场地的面积、地形和位置、系统的寿命和维护需求、矿井水的流量和水质、处理后的水质要求、公用设施和气候等。

1. 主动处理技术

主动处理技术中，最基础的混凝、沉淀和普通过滤工艺不再详述。近年来，随着材料和技术的不断进步，反渗透、纳滤等膜处理技术和电化学技术大量应用于矿井水处理，取得了很好的效果。此外，国外还特别注重对新技术的研发，例如正渗透处理高矿化度矿井水等技术在不断的研究与改进。本节总结了国外常见的矿井水主动处理技术，分析了应用案例的处理目标、成本与效果，具体内容见表 1-1。

表 1-1　国外常见矿井水主动处理技术

处理技术	目标污染物	应用地点	成本	处理效果
反渗透(RO)	盐分、金属等	澳大利亚新南威尔士州 Ulan 煤矿，美国犹他州 Bingham Canyon 铜矿，智利 Antucoya 铜矿	对于处理能力 100 万 gal[①]/d 的系统，总安装成本估计为 4290 万美元，年度运行和维护成本估计为 320 万美元	产水率高于 70%，可以去除 90%～98%的总溶解固体(TDS)，硒浓度可以降低至＜5μg/L
纳滤(NF)	硫酸根、金属等	法国东部的 Jarny 和 Florange 两个地下铁矿	单级过滤装置的成本为 2392 美元/(gal · min)，建设处理能力为 500gal/min 的工厂需花费 120 万美元，运营成本约为 0.60～0.72 美元/1000gal	可以去除 60%的氯化钠，80%的碳酸钙，98%的硫酸镁
陶瓷膜过滤	金属、悬浮物	美国犹他州 Bingham Canyon 矿，美国蒙大拿州 Upper Blackfoot 矿	Upper Blackfoot 矿的处理系统造价约 67 万美元	重金属去除率达 99.5%
离子交换	硬度、金属	美国明尼苏达州 Soudan 地下矿山州立公园	Soudan 矿井排水量平均每天 86400gal，每年的成本约 16.9 万美元	pH 为 4 时，原水硒浓度为 0.93mg/L，硫酸盐为 80mg/L，离子交换树脂处理后硒浓度小于 1μg/L
频繁倒极电渗析(EDR)	硝酸盐、溶解固体、砷	南非某矿	—	南非某矿利用 EDR 与 RO 相结合，将矿井水的 TDS 从 5000mg/L 降至＜40mg/L

注：①1gal=3.785412L。

2. 被动处理技术

相对主动处理系统，被动处理系统具有能耗低、维护少等优点，处理成本具有很大的优势。因此，近年来国外矿井水处理技术发展趋势逐渐从高能耗、高维护的主动处理技术转向低能耗、低维护的被动处理技术。本节总结了国外常见的矿井水被动处理技术，分析了应用案例的处理目标、成本与处理效果，具体内容见表 1-2。

表 1-2 国外常见矿井水被动处理技术

处理技术	目标污染物	典型应用地点	成本	处理效果
人工湿地	金属、硫酸盐	英国 Lamesley 煤矿，美国田纳西州 Copper 盆地矿区	处理成本 0.15～1.00 美元/gal	典型去除效率：酸度 75%～90%，硫酸盐 10%～30%，铁 80%～90%，铝 90%，铜 80%～90%，锌 75%～90%，镉 75%～90%，铅 80%～90%
可渗透反应墙（PRB）	痕量金属、硫酸盐、硝酸盐、磷酸盐、砷、放射性核素	加拿大安大略省 Nickel Rim South 矿，美国爱达荷州 Silver Vally 矿区 Success 矿，美国科罗拉多州 Durango 矿区	PRB 系统的成本取决于现场具体情况，长度和深度往往是驱动建设成本的最大因素。PRB 系统通常比传统处理技术建设成本高	在美国科罗拉多州 Durango 矿区，处理后硒浓度由 359μg/L 降至 8μg/L
缺氧石灰沟（ALD）	酸度	美国弗吉尼亚州 Valzinco 矿，英国 Howe Bridge 煤矿	美国田纳西河谷管理局在阿拉巴马州废弃矿的运营和维护成本约为 0.11 美元/ 1000gal	流入的矿井水中铁和铝的浓度均低于 1mg/L 时，ALD 可持续 10 年产生稳定的碱度。碱度（以 $CaCO_3$ 计）范围为 80～320mg/L。一般 15h 达到碱度最大值
连续碱度产生系统（SAPs）	酸度、铝、铜、铁、锰、锌	美国科罗拉多州 Summit-ville 矿，韩国 Yeong Dong 煤矿	处理能力为 5gal/min 的系统处理成本约为 0.03 美元/gal；处理能力为 100gal/min 的系统处理成本约为 0.003 美元/gal	典型去除效率：铝 97%、铜 90%、铁 64%、锰 11%、锌 57%

（三）国外矿井水利用典型案例

1. 南非 Witbank 煤矿区

Witbank 是南非最大的产煤矿区，位于南非东北部。矿区内矿井众多，其中一些矿已经进入资源枯竭期。英美资源集团（Anglo American）动力煤公司在该矿区的矿井水资源量约为 1.4 亿 m^3，并且以 2.5 万 m^3/d 的速度在增长。Witbank 矿区位于缺水地区，长期气候模拟表明该地区降雨量还会不断减少。随着人口迅速增长，EMalahleni 市用水需求不断增长，该市被授权允许从当地的 Witbank 大坝每天取水 7.5 万 m^3，但目前的取水量已达到 120 万 m^3/d，预计到 2030 年增加到 180 万 m^3/d。英美资源集团在矿井水处理与利用技术方面进行了十几年的研究，并与必和必拓公司合作，于 2007 年建设了 EMalahleni 水处理厂，用来处理英美资源集团动力煤公司下属三个煤矿和一个必和必拓公司下属煤矿的矿井水。处理后的矿井水输送给 EMalahleni 市作为生活用水。

该矿井水处理厂每天处理约 3 万 m^3 矿井水，除部分用于煤炭生产用水外，大部分供给生活用水，供水量约占 EMalahleni 市每天用水需求的 12%。到 2011 年底，共计处理了 0.3 亿 m^3 矿井水，其中 0.22 亿 m^3 供给 EMalahleni 市生活用水。2013 年底，矿井水处理厂二期扩建完成，处理能力提高到每天 5 万 m^3，除了处理英美资源集团动力煤公司矿井水外，还处理其他公司煤矿的矿井水。

2. 澳大利亚 Wilpinjong 露天煤矿

Wilpinjong 露天煤矿位于澳大利亚新南威尔士州中部，主产动力煤，2017 年 4 月该矿获得了扩建的开发许可，规定到 2033 年该矿每年可生产 1600 万 t 煤。

Wilpinjong 矿矿井水处理设施于 2012 年 6 月竣工，根据新南威尔士州环境保护局颁发的环境保护许可(编号：EPL 12425)，Wilpinjong 矿被批准从 24 号许可排放点(编号 LDP24)排放处理后的矿井水，污染物排放控制限值见表 1-3。2017 年 1 月，该矿的环境保护许可变更，将外排水量限值从 5000m^3/d 提高到 15000m^3/d。2017 年，Wilpinjong 矿通过安装浸没式超滤，改造提高了水处理设施的运行效率，此外还在 2 号坑东侧安装运行了蒸发喷雾系统。

表 1-3 Wilpinjong 矿矿井水污染物排放限值

污染物指标	pH	电导率/(μS/cm)	油类/(mg/L)	悬浮物/(mg/L)
排放浓度限值	6.5～8.5	500	10	50

2017 年，该矿排放矿井水约 185 万 m^3，未超出 1.5 万 m^3/d 的许可，水质也满足排放要求。除外排外，矿井水还用于道路降尘浇洒、洗选。

Wilpinjong 矿按照环保要求编制了详细的水资源管理计划，包括地表水和地下水的监测计划等。该矿对矿井水的管理重点是矿井水的控制和再利用，包括以下几点。

(1)分类收集和重新利用扰动地区的地表径流清水。

(2)控制地下水和降雨径流进入作业区，避免受到污染。

(3)对矿井水进行回收与利用。

(4)根据新南威尔士州环境与遗产办公室编制的《处理污水利用环境指南》对污水进行管理。

(5)根据环境保护许可(编号：EPL 12425)，排放处理达标的矿井水。

(四)国外矿井水利用的特点

通过对国外矿井水利用方式和处理技术现状的分析和总结，主要特点如下：

(1)处理技术理念更加先进。国外发达国家已逐渐从高能耗、高维护的技术转向更重视开发应用低能耗、低维护的技术，提倡利用湿地法等被动处理技术，不仅成本低，还能改善矿区环境。

(2)重视对废弃矿井排水的处理与利用。部分发达国家矿产资源开采进入资源枯竭期，废弃矿井增多的同时也产生了酸性矿井水污染等问题，因此对相关问题的研究更为重视。

(3)回注是矿井水处置的重要方式。当面临法规限制，特别是在环境敏感地区，矿井水无法外排处置时，回注是较理想的可选方案，不仅规避了政策风险，还有效补充了地下水资源量。

(4)矿井水达标外排较为普遍。由于国外发达国家的矿业开采规模和开采强度远小于我国，矿井水总量也相对较小，矿井水达标外排对环境的影响较小。

(5)注重矿井水分类收集(清污分流)。矿井在设计初期就考虑了将雨水、受扰动的地表径流水与疏干排水等进行单独收集，有效减少了需要处理的矿井水总量。

(6)重视基础数据的收集和管理信息化。矿区地表水、地下水和矿井水的监测都制订了详细的计划，重视对水质、水量和水位等信息的长期监测和信息化管理，并定期评估矿井水对矿区水环境的影响。

第二章　我国煤炭、金属矿产及水资源现状

一、我国煤炭资源分布及开发现状

煤炭是我国的主体能源，占全国已探明化石能源储量的96%左右，是我国能源安全供应的基石，也是未来“双碳”目标实现的保障能源，为经济高质量发展提供有力支撑。深刻认识我国能源资源禀赋和煤炭的基础性保障作用，做好煤炭清洁高效可持续开发利用，是符合当前基本国情、基本能情的选择。

（一）我国煤炭资源分布特征

中国经济发展已经进入了新时代，近年来能源革命、供给侧结构性改革进一步深化，煤炭资源作为中国能源的支柱也进入了发展新阶段。

1. 我国煤炭资源量

据统计，截至2009年末，我国煤炭资源总量约为5.83万亿t，其中保有煤炭资源量为1.94万亿t，尚有预测资源量3.88万亿t，我国各省级行政区煤炭资源分布如表2-1所示，省级行政区煤炭资源量位列前4位的是新疆、内蒙古、山西和陕西。

表2-1　我国2009年煤炭资源量和2018年水资源量

省（市/区）	2009年煤炭资源量/亿t	2018年水资源量/亿 m^3
新疆	18977.17	858.8
内蒙古	16243.98	461.5
山西	6421.35	121.9
陕西	4054.94	371.4
贵州	2564.37	978.7
宁夏	1847.93	14.7
甘肃	1815.47	333.3
河南	1328.52	339.8
河北	813.37	164.1
安徽	799.96	835.8
云南	738.49	2206.5
黑龙江	420.06	1011.4
青海	407.87	961.9

续表

省(市/区)	2009 年煤炭资源量/亿 t	2018 年水资源量/亿 m^3
四川	381.92	2952.6
山东	373.8	343.3
重庆	177.57	524.2
天津	174.59	17.6
辽宁	137.84	235.4
北京	105.75	35.5
湖南	94.02	1342.9
吉林	91.71	481.2
江苏	89.54	378.4
江西	66.53	1149.1
广西	42.26	1831
福建	36.78	778.5
湖北	24.09	857
广东	15.99	1895.1
西藏	11.77	4658.2
海南	2.73	418.1
浙江	0.41	866.2
上海	0	38.7
全国	58260.78	27462.5

2. 我国煤炭资源与水资源的分布特征

根据我国煤炭资源量和 2018 年水资源量(表 2-1)，得到我国各省级行政区煤炭资源量与 2018 年水资源量分布关系图(图 2-1)，煤炭资源量位列前四名分别是新疆、内蒙古、山西和陕西，处于西部干旱和半干旱地区，水资源匮乏，煤炭资源与水资源呈现逆向分布。

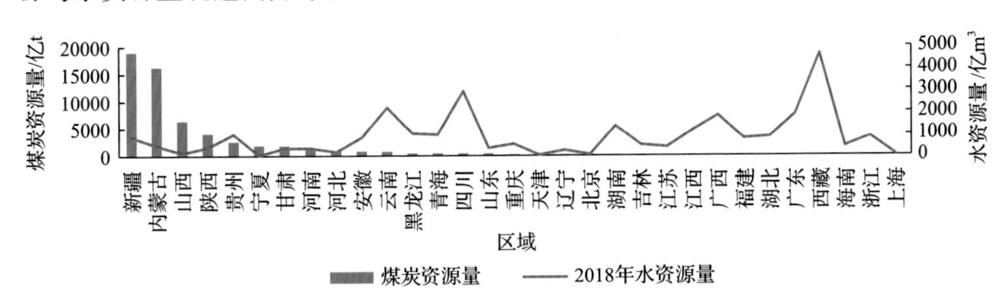

图 2-1　我国各省级行政区煤炭资源量与 2018 年水资源量分布

(二)我国煤炭资源开发现状

图 2-2 为 2011～2018 年全国煤炭产量，2011～2018 年间，煤炭产量均超过了 34 亿 t，2018 年我国煤炭产量达到 36.80 亿 t。

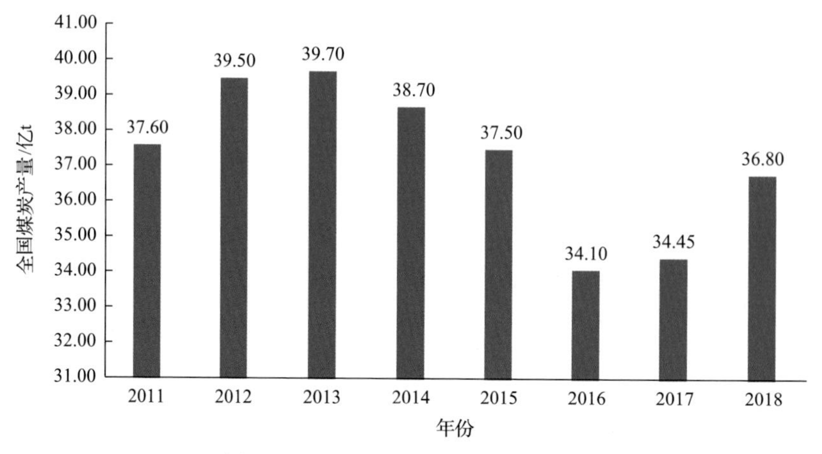

图 2-2　2011～2018 年全国煤炭产量

2018 年我国各省级行政区煤炭产量如表 2-2 所示，省级行政区煤炭产量位列前 4 位的是内蒙古、山西、陕西和新疆。

表 2-2　2018 年我国各省市煤炭产量　　（单位：万 t）

序号	省(市/区)	煤炭产量	序号	省(市/区)	煤炭产量
1	内蒙古	97560	14	四川	3516
2	山西	89340	15	辽宁	3376
3	陕西	62325	16	湖南	1693
4	新疆	21317	17	吉林	1518
5	贵州	14155	18	江苏	1246
6	山东	12169	19	重庆	1187
7	安徽	11529	20	福建	918
8	河南	10656	21	青海	773
9	宁夏	7416	22	江西	531
10	黑龙江	6198	23	广西	471
11	河北	5505	24	湖北	313
12	云南	4535	25	北京	176
13	甘肃	3516			

2018 年，内蒙古、山西、陕西和新疆煤炭产量位列前四名。煤炭供应重心进一步向晋陕蒙地区集中，东部、中部地区煤炭产能加速退出，西部地区优质产能

进一步释放，晋陕蒙三地的煤炭产能占比达到65%以上。

华南和滇藏含煤区煤层分布极不稳定，以小型煤盆地为主，难以形成大型的现代化矿井。东部地区煤炭资源濒临枯竭，储采比已不足25年，开发潜力极为有限，且东部矿区开采历史较长，煤层埋藏深度较大，全国90%以上的千米深井分布在华东地区，高地温、高地压、高岩溶水及高瓦斯等问题加剧，开采条件恶化，深部开采技术瓶颈日益凸显，煤炭产量难以维持，煤炭供应能力将迅速下降。

综上可以看出，我国煤炭资源“西多东少、东深西旱”的总体分布格局，决定了煤炭开发战略必然西移，而且随着“一带一路”的不断推进，西部地区将成为我国煤炭资源开发利用的主战场，其在国家能源安全中的地位也将越来越重。但西部煤矿地区水资源贫乏，有限的地下水资源易受到采煤影响而破坏，并导致地下水资源漏失、水位下降和井泉干涸，采煤与水资源供给矛盾突出，同时生态环境对地下水具有较强的敏感性，煤炭开发伴生的潜水水位下降并诱发部分植被枯萎等问题将是制约我国西部煤炭开发的主要瓶颈。

二、我国金属矿产资源分布及开发现状

金属矿产资源是人类物质生产的重要基础和生活资料的重要来源，是国家实力的体现。金属矿产资源是我国经济可持续发展的核心问题之一，是国民日常生活及国防工业、顶尖技术和高科技产业必不可缺的基础材料和重要的战略物资。我国的金属矿产资源品种较为齐全，近年来多数查明资源储量普遍增长。随着我国经济高速发展，矿产资源需求量不断增长，对矿产资源的安全高效应用提出了更高要求。

(一)金属矿产资源分布特征

我国是世界上开发利用金属矿产资源历史最悠久的国家之一，也是世界上金属矿产资源种类齐全、储量丰富的少数几个国家之一。我国金属矿产资源呈现以下特点：

(1)矿产分布不均：优势矿产大多用量不大，而一些重要的支柱矿产多为短缺或探明储量不足，需要长期依赖进口。

(2)贫矿多富矿少：低品位难选冶矿石所占比例大，如我国铁矿石平均品位为33.5%，比世界平均水平低10个百分点以上；锰矿平均品位仅22%，离世界商品矿石工业标准(48%)相差甚远；铜矿平均品位仅为0.87%；铝土矿几乎全为一水硬铝石，分离提取难度很大。

(3)大型-超大型矿床少、中-小型矿床多：以铜矿为例，我国迄今发现的铜矿产地900余处，其中大型-超大型矿床仅占3%，中型矿床占9%，小型矿床占比多达88%。

(4)单一矿种的矿床少、共生矿床多：据统计我国的共生、伴生矿床约占已探

明矿产储量的 80%。目前，全国开发利用的 139 个矿种，有 87 种矿产部分或全部来源于共生、伴生矿产资源。

我国金属矿产遍布全国各地，但不同区域矿产储量相差巨大，矿产资源往往在局部形成相对集中的分布区域，形成大型、超大型矿床。如内蒙古白云鄂博含铌稀土铁矿床，拥有铁矿资源储量 9.20 亿 t 及大量的稀土氧化物和铌；甘肃金川白家嘴子铜镍硫化矿床，拥有 500 多万 t 镍、350 万 t 铜，还有大量的钴和铂族金属；四川攀枝花钒钛磁铁矿拥有铁矿 27 亿 t。

我国不同类型金属矿山分布特征具体如下：

1. 铁矿

铁矿资源分布非常广泛，遍及全国 31 个省 700 多个县区，主要分布在辽宁、四川、河北、安徽、山西、云南、山东、内蒙古等地。截至 2018 年，我国铁矿石查明资源储量约为 852.19 亿 t。铁矿区主要有：辽宁鞍山-本溪铁矿区、冀东-北京铁矿区、河北邯郸-邢台铁矿区、山西灵丘平型关铁矿、山西五台-岚县铁矿区、内蒙古包头-白云鄂博铁矿、山东鲁中铁矿区、宁芜-庐纵铁矿区、安徽霍邱铁矿、湖北鄂东铁矿区、江西新余-吉安铁矿区、福建闽南铁矿区、海南石碌铁矿、四川攀枝花-西昌钒钛磁铁矿、云南滇中铁矿区、云南大勐龙铁矿、陕西略阳鱼洞子铁矿、甘肃红山铁矿、甘肃镜铁山铁矿、新疆哈密天湖铁矿等。

2. 金矿

黄金资源比较丰富，据初步统计，全国已发现各类金矿床(点)11000 多处，分布在 610 多个县(市)。在已发现的金矿床(点)中，岩金矿床(点)6200 多处，砂金矿床(点)4000 余处，伴生金矿床(点)800 余处。2018 年，我国金矿(金属)查明资源储量 13638.40t。按行政区划分，在已发现的金矿床中，探明和保有储量最多的是山东，其次是甘肃、内蒙古、河南、新疆、江西、云南、安徽、四川、陕西、黑龙江、湖南、西藏、贵州、青海、吉林等省(区)。按成矿大地构造背景划分，中国金矿主要分布在三大成矿域，即华北地台成矿域、扬子地台成矿域、特提斯构造成矿域。不同成矿域分布有不同类型的金矿床：华北地台成矿域是我国金矿最主要分布区，主要金矿类型为产于花岗岩-绿岩地体内外接触带之石英脉型、蚀变岩型和重溶花岗岩热液型金矿；特提斯构造成矿域是我国微细浸染型金矿和浅成低温热液型金矿的主要分布区；而扬子地台成矿域则是我国变碎屑岩金矿、微细浸染型金矿和金-多金属矿床的分布区。

3. 铜矿

铜储量在世界上排名第七，但是从总体上讲，我国铜资源依然很贫乏(尤其是缺乏富铜矿)，铜矿自给率不足 30%，资源生产不能满足国内消费需求，供需缺口较大，需要通过国际市场加以平衡。据自然资源部发布的《中国矿产资源报告(2019)》，截至 2018 年，我国铜矿(金属)查明资源储量为 11443.49 万 t。我国铜生产地集中在华东地区，该地区铜生产量占全国总产量的 51.84%，其中，安徽、江西两省产量约占 30%；云南、内蒙古也是我国铜矿主要产区。在已查明铜矿区中，富铜矿资源储量占总资源储量 26.65%，富铜矿储量占总储量 39.02%。主要矿区为：黑龙江多宝山，内蒙古乌奴格吐山、霍各气，辽宁红透山，安徽铜陵铜矿集中区，江西德兴、城门山、武山、水平，湖北大冶-阳新铜矿集中区，广东石菉，山西中条山地区，云南东川、易门、大红山，西藏玉龙、马拉松多、多霞松多，新疆阿舍勒等铜矿。

4. 铅锌矿

铅锌是我国重要的战略性矿产资源，在有色金属工业中占有重要的地位，其生产和消费量约占 10 种常用有色金属总量的 30%以上。我国铅锌矿资源丰富，截至 2018 年，查明铅矿(金属)资源储量为 9216.31 万 t；锌矿(金属) 18755.67 万 t。铅锌矿在我国分布广泛，目前，已有 29 个省(区、市)发现并勘查了铅锌资源，但从富集程度和现保有储量来看，主要集中 7 个省区，云南、内蒙古、甘肃、广东、湖南、四川、广西，这 7 省区储量合计约占全国的 66%。从三大经济地区分布来看，主要集中于中西部地区。

5. 镍矿

镍矿资源具有分布集中、成因类型较少、矿石品位较富、开采难度较大的特点。我国已查明镍矿矿床(点) 339 处，其中超大型 4 处，大型 14 处，中型 26 处，小型 75 处，矿(化)点 220 处。截至 2018 年，镍矿(金属)查明资源储量为 1187.88 万 t。我国三大镍矿分别为：金川镍矿、喀拉通克镍矿、黄山镍矿。近年来，由于我国地质勘查水平的不断提高，新发现了一大批镍矿。其中，新疆若羌县坡北一带探明镍金属资源量 128 万 t，属特大型镍矿；青海柴达木盆地发现一大型高品位的镍矿床，预计镍金属资源量近 15 万 t。

6. 钨矿

钨矿是我国的优势矿产资源，截至 2018 年，我国查明钨矿资源为 1071.57 万 t (WO_3)。我国钨矿资源主要集中在湖南、江西和河南等省，三者的钨矿资源储量占全国资源储量的 61%。我国六处超大型钨矿分别是：江西大湖塘钨矿、湖南柿竹园钨矿、河南三道庄钼钨矿、湖南新田岭钨矿、福建行洛坑钨矿、湖南杨林坳钨矿。

7. 稀土矿

稀土资源储量丰富，截至 2018 年，我国稀土资源储量为 4400 万 t，占世界的

36.70%，位居世界第一；巴西、越南以 2200 万 t 并列第二，俄罗斯以 1200 万 t 位居第四，印度、澳大利亚位居五、六位，美国以 140 万 t 位居第七。我国稀土资源，不仅储量丰富，还具有矿种和稀土元素齐全、稀土品位高及矿点分布合理等优势。除内蒙古包头的白云鄂博、江西赣南、广东粤北、四川凉山为稀土资源集中分布区外，山东、湖南、广西、云南、贵州、福建、浙江、湖北、河南、山西、辽宁、陕西、新疆等省区亦有稀土矿床发现。全国稀土资源总量的 98%分布在内蒙古、江西、广东、四川、山东等地区，形成北、南、东、西的分布格局，并具有北轻南重的分布特点。轻稀土主要分布在内蒙古包头的白云鄂博矿区，其稀土储量占全国稀土总储量的 83%以上，居世界第一，是我国轻稀土主要生产基地。

（二）金属矿产资源开发现状

近年来，我国经济快速发展，金属矿产的市场需求强劲，发展突飞猛进，我国已成为世界金属矿产的生产和消费大国，但是金属矿产资源开采、消耗的速度却非常快，导致我国金属矿产资源产业布局发生深刻变化。一方面，我国铁、铜、铝等大宗金属矿产品进口量大幅增长，以辽东、冀东为代表的铁矿，江西、安徽等地的铜矿，山西、河南一带的铝土矿等东中部地区传统矿业基地的产能已经无法满足 GDP 中高速增长和区域经济均衡发展的需求；另一方面，国内找矿获得突破，矿产勘查的热点和亮点明显向中西部地区转移，先后发现了多龙铜矿、火烧云铅锌矿、沙坪沟钼矿、双尖子山银矿、朱溪-大湖塘钨矿、四川甲基卡锂矿等一批世界级矿床。总体来说，我国大多数有色金属产品处于基本供需平衡的状态。

我国不同类型金属矿产资源开发现状具体如下。

1. 铁矿

铁矿石是钢铁生产企业的重要原材料，天然矿石经过破碎、磨碎、磁选、浮选、重选等程序逐渐选出铁。铁矿石是含有铁单质或铁化合物并能够经济利用的矿物集合体。凡是含有可经济利用的铁元素的矿石叫作铁矿石。铁矿石的种类很多，用于炼铁的主要有磁铁矿（Fe_3O_4）、赤铁矿（Fe_2O_3）和菱铁矿（$FeCO_3$）等。中国是钢铁生产大国，也是铁矿石消费大国。截至 2018 年底，查明的铁矿石资源储量为 852.19 亿 t《中国矿产资源报告》。2018 年我国铁矿石原矿产量累计达 76337.42 万 t，与 2017 年相比同比下降 3.1%（国家统计局数据），如表 2-3 所示。截至 2018 年，中国铁矿石产量数据各省市排名如表 2-4 所示（中国市场研究网），从全国各省市铁矿石产量来看，排名第一的是河北，产量为 24624.44 万 t，占总产量的 32.3%；第二名是辽宁，产量为 13170.37 万 t，占总产量的 17.3%；其次是四川，铁矿石产量为 10044.18 万 t，排名第三，占总产量的 13.2%。前三名产量占总产量一半以上。

表 2-3　2010～2018 年中国铁矿石原矿产量统计

年份	产量/万 t	累计增长/%
2010	107155.50	21.60
2011	132694.20	27.20
2012	130963.70	14.50
2013	145101.10	9.90
2014	151424.00	3.90
2015	138128.80	–7.70
2016	128089.30	–3.0
2017	122937.30	7.10
2018	76337.42	–3.10

表 2-4　2018 年 12 月中国部分省市铁矿石产量数据排名分析

排名	省(市/区)	当月产量/万 t	累计产量/万 t	当月同比增长/%	累计增长/%
1	河北	2379.74	24642.44	–54.49	–57.63
2	辽宁	1137.05	13170.37	5.34	8.01
3	四川	790.69	10044.18	–39.52	–30.44
4	山西	464.2	5053.58	–20.24	–23.77
5	安徽	236.64	2660.72	–11.11	–28.59
6	内蒙古	234.01	2542.4	10.88	–5.62
7	新疆	191.71	2369.13	23.38	–1.84
8	陕西	201.07	2201.58	–3.39	–8.08
9	福建	179.49	2067.88	–5.62	3.92
10	山东	179.59	1987.49	18.95	4.79
11	云南	184.12	1840.91	–58.14	–32.26
12	北京	114.13	1569.52	5.81	–13.7
13	湖北	127.48	1427.14	–1.34	–14.65
14	江西	81.76	941.85	–34.84	–45.14
15	甘肃	78.36	912.08	–51.09	–53.52
16	河南	92.43	731.59	–28.23	–35.79
17	吉林	36.1	431.64	–61.27	–72.33
18	广东	35.08	420.78	–81.59	–74
19	黑龙江	25.73	337.09	–23.23	–37.3
20	湖南	27.97	322.41	–35.95	–38.06

续表

排名	省(市/区)	当月产量/万 t	累计产量/万 t	当月同比增长/%	累计增长/%
21	海南	22.13	284.58	−25.68	−34.53
22	贵州	11.48	143.4	−43.25	−38.13
23	广西	1.18	82.96	−95.4	−70.16
24	浙江	3.53	74.65	−46.94	−16.27
25	江苏	6.27	70.59	5.65	−3.14
26	西藏	0	4.99	—	−73.71
27	青海	0.1	1.31	−76.64	−78.45

2. *金矿*

目前，我国是全球第一大黄金生产国、第一大黄金需求国、第一大黄金加工国和第一大黄金进口国。近十年来，黄金产业的发展一直处于良好态势，黄金的价格微有上扬但总体趋于平稳。中国黄金协会最新统计数据显示(图 2-3)，2018 年国内黄金产量为 401.12t，连续 12 年位居全球第一，与去年同期相比，减产 25.02t，同比下降 5.87%。随着国家先后出台环保税、资源税政策，以及自然保护区等生态功能区内矿业权退出，部分黄金矿山企业减产或关停整改，黄金产量自 2000 年以来首次出现大幅下滑。

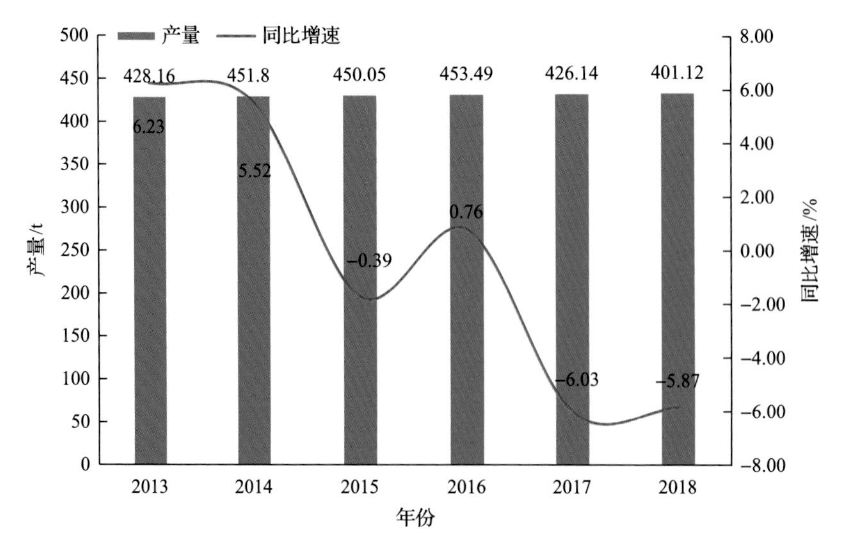

图 2-3　2013～2018 年中国黄金产量数据统计

3. 铜矿

我国铜资源匮乏，自给率不足 30%，铜精矿产量增长空间相对有限，因为大型铜矿项目较少，并且很多项目后续开采也面临多种问题，包括产能分散、开采深度增加、产能限制、铜矿品位低等。目前，安徽铜陵、赣西北-赣东北和云南迪庆等地铜矿资源开发利用条件完备，可适时转入规模开发。我国北方地区的内蒙古等地区铜资源开发潜力仍不容小觑。一方面，内蒙古甲乌拉地区和霍各乞-东升庙地区铜矿资源勘查成果显著；另一方面，还能够就近利用蒙古国丰富的铜矿资源(我国铜精矿三大进口国之一，年进口量超过 130 万 t)，适宜加速推进勘查开发，进一步将资源优势转化为产业优势。而铜资源储量增长最快的西藏和新疆距离国内主要铜冶炼产区较远，本地铜冶炼企业规模有限且生态环境相当脆弱。考虑到我国铜资源依存度长期超过 70%以上，为保障国家资源安全，西藏拉萨-山南地区、西藏昌都地区、西藏改则地区和新疆哈密地区铜矿资源也应当尽快完成勘查工作并结合区域生态环境承载力适时转入开发阶段。截至 2018 年底，查明的铜矿资源储量为 11443.49 万 t(《中国矿产资源报告》)。2018 年我国精炼铜产量约 903 万 t，同比增长 8%(图 2-4)。铜精矿(金属量)产量 151 万 t、铜材产量 1716 万 t，分别同比增长 3.9%、14.5%。

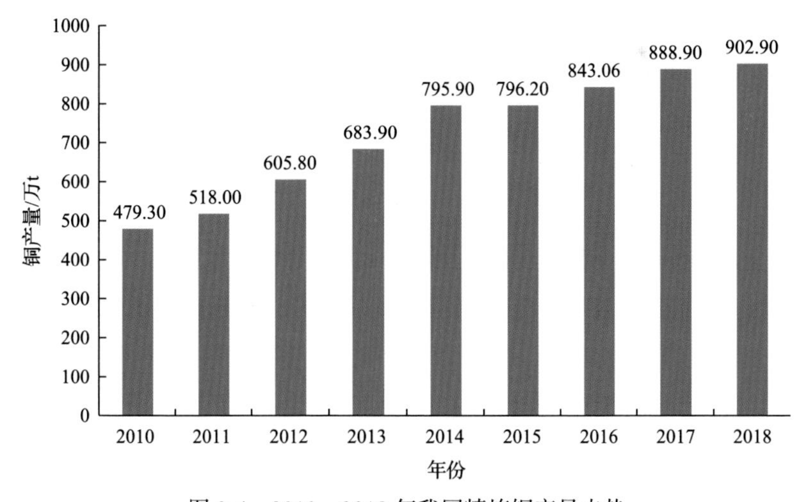

图 2-4　2010～2018 年我国精炼铜产量走势

4. 铅锌矿

我国工业和信息化部的数据显示，2018 年，受环保整治及新建矿山有限等影响，铅、锌精矿产量分别为 133 万 t、284 万 t，同比下降分别为 5.9%、4.9%，国内铅锌矿产资源自给率不断下降。铅、锌产量分别为 511 万 t、568 万 t，同比增长 9.8%、–3.2%。其中，随着国内企业对铅锌二次物料利用水平的提升，再生铅、锌产量分别为 225 万 t、60 万 t，同比增长 10.0%、56.8%，占铅、锌产量比重达到 44.1%、10.5%。随着国内再生铅产业高速发展，铅精矿进口量 122.7 万 t，同比下降 5.1%；锌精矿、精锌进口量分别为 297 万 t、72 万 t，分别同比增长 21.5%、5.9%。

5. 镍矿

我国镍矿产量基本保持平稳，2015 年、2016 年产量有小幅度下滑，2017 年开始回升，如图 2-5 所示。2015 年我国镍矿产量为 9.29 万 t，产量下滑 0.71 万 t；2016 年下滑幅度降低，2016 年镍矿产量为 9.00 万 t，产量下滑 0.29 万 t；2017 年镍矿产量为 9.44 万 t，同比增长约 4.9%；2018 年，我国镍精矿产量达到了 9.90 万 t。

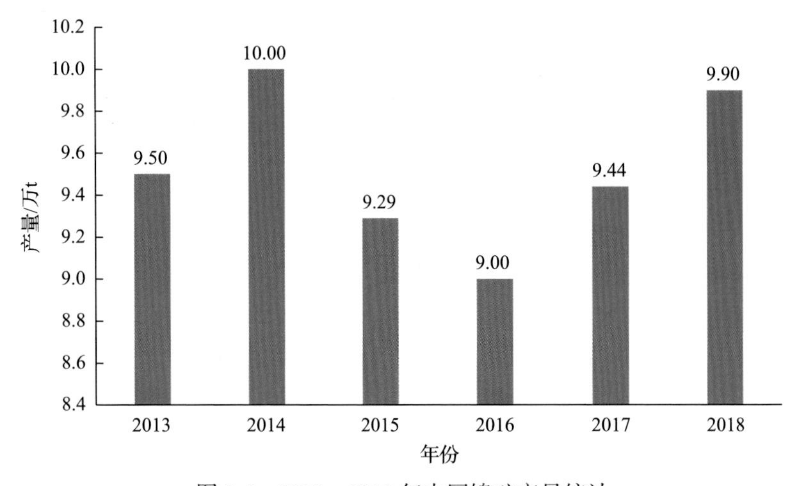

图 2-5　2013～2018 年中国镍矿产量统计

6. 钨矿

我国钨矿开发主要分布在 14 个省(市/区)，产量主要集中在中部地区，资源开发区域集中明显；其中，江西为我国主要产地，年采选(处理)钨矿石量占全国的 60.88%。据中国钨协统计，2018 年全国钨精矿产量 12.60 万 t(折 WO_3 65%标 t)，同比下降 3.73%。主要原因是：产量中包含贸易企业矿产品加工产量和贸易量，存在重复统计；因安全环保原因，部分钨矿山停产；部分矿产品贸易企业停产或转行。2018 年贸易企业矿产品加工产量及贸易量明显下降，同比下降 10.47%，降幅比 2017 年扩大 4.82 个百分点。剔除不可比的贸易企业矿产品加工产量及停产企业产量，2018 年钨精矿产量同口径企业比较增长 1.94%，增幅比 2017 年同期收窄 1.65 个百分点，产量增幅继续减缓。但未来钨的生产和供应仍将主要来自中国。

7. 铝土矿

我国铝土矿资源依存度已达到 50%。随着山西柳林-霍州、贵州遵义-重庆武隆和广西德保-崇左等地铝土矿资源充分开发，将为促进区域产业发展和保障国家资源安全提供有力的资源保障。截至 2018 年底，查明的铝土矿资源储量为 51.70 亿 t（《中国矿产资源报告》），根据国家统计局数据，2018 年 12 月，我国原铝（电解铝）产量为 305 万 t，同比上升 11.3%；2018 年总产量为 3580 万 t，同比上升 7.4%。

8. 稀土矿

2018 年中国稀土产量为 12 万 t，占当年全球稀土产量的 70.6%，澳大利亚、美国分别以 2 万 t、1.5 万 t 位居第二、三位，第四为缅甸（0.5 万 t）（USGS 数据），如图 2-6 所示。中国已经连续多年成为世界第一大稀土生产国。据统计，稀土开发区主要集中在江西、广东、四川、甘肃以及内蒙古。按开发区数量来看，拥有稀土开发区数量最多的为江西，开发区数量为 3 个；四川、内蒙古分别均为两个；甘肃省、广东省各一个。从面积来看，仅内蒙古的稀土开发区总面积在 $1000hm^2$ 以上，为 $1610.26hm^2$；其次为江西，稀土开发区总面积为 $982.48hm^2$；甘肃省排名第三，稀土开发区总面积为 $659.86hm^2$。整体来看，各省市稀土开发区面积排名依次为内蒙古、江西、甘肃、广东、四川。具体来看，位于内蒙古包头的稀土高新技术产业开发区面积最大，达 $956hm^2$，主导产业包括稀土材料及应用、铝铜镁及加工、装备制造。其次分别为甘肃白银刘川工业集中区、内蒙古包头金属深加工园区、江西寻乌产业园、广东平远县产业转移工业园区，以上稀土开发区面积排名全国前五。

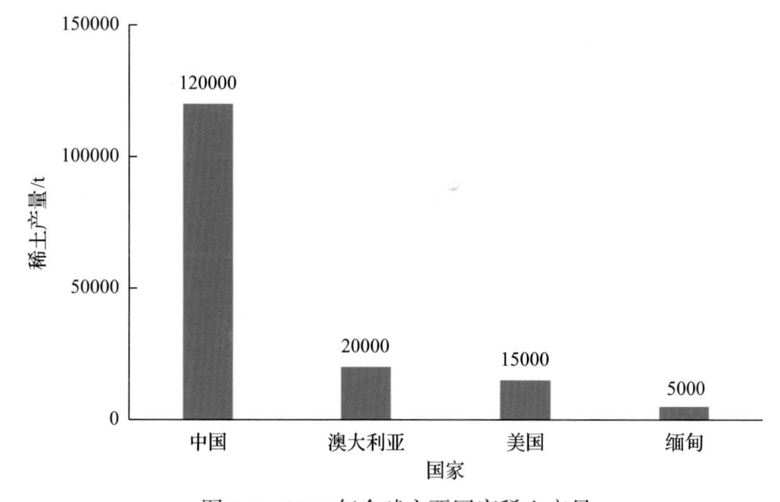

图 2-6　2018 年全球主要国家稀土产量

三、我国水资源总体分布特征

据《2018年中国水资源公报》，2018年我国水资源总量为27462.5亿m^3，其中地表水资源量为26323.2亿m^3，地下水资源量为8246.5亿m^3(表2-5)。

从各个省市的水资源总量来看，我国的水资源分布极不平衡，2018年西藏地区的水资源总量达到了4658.2亿m^3，四川省、云南省和广东省的水资源总量分别为2952.6亿m^3、2206.5亿m^3和1895.1亿m^3。

据2011～2018年中国水资源公报，2011～2018年我国水资源总量的变化区间为23256.70亿m^3到27462.50亿m^3(图2-7)，地表水资源量的变化区间为22213.60亿m^3到26323.20亿m^3，地下水资源量的变化区间为7214.50亿m^3到8246.50亿m^3(图2-8)。

表2-5　2018年我国各省级行政区水资源量分布

省(市/区)	降水量/mm	地表水资源量/亿m^3	地下水资源量/亿m^3	地下水与地表水资源不重复量/亿m^3	水资源总量/亿m^3
西藏	619.0	4658.2	1105.7	0	4658.2
四川	1050.3	2951.5	635.1	1.2	2952.6
广西	1560.0	1829.7	440.9	1.3	1831.0
云南	1337.5	2206.5	772.8	0	2206.5
湖南	1363.7	1336.5	333.5	6.4	1342.9
广东	1843.1	1885.2	460.6	9.9	1895.1
江西	1487.6	1129.9	298.5	19.2	1149.1
湖北	1072.2	825.9	257.7	31.1	857.0
福建	1566.6	777.0	245.7	1.4	778.5
贵州	1162.9	978.7	252.7	0	978.7
新疆	186	817.8	497.0	41.0	858.8
浙江	1640.2	848.3	213.9	17.9	866.2
青海	403.9	939.5	424.2	22.4	961.9
安徽	1314.7	766.7	203.7	69.1	835.8
黑龙江	633.3	842.2	347.5	169.2	1011.4

续表

省(市/区)	降水量/mm	地表水资源量/亿 m³	地下水资源量/亿 m³	地下水与地表水资源不重复量/亿 m³	水资源总量/亿 m³
重庆	1134.8	524.2	104.0	0	524.2
陕西	703.0	347.6	125.0	23.9	371.4
河南	755.0	241.7	188.0	98.2	339.8
吉林	672.9	422.2	137.9	59.0	481.2
江苏	1088.1	274.9	119.7	103.6	378.4
海南	2095.9	414.6	98.0	3.5	418.1
内蒙古	328.2	302.4	253.6	159.2	461.5
甘肃	371.9	325.7	165.6	7.5	333.3
山东	789.5	230.6	196.7	112.7	343.3
辽宁	586.1	209.3	79.8	26.1	235.4
河北	507.6	85.3	124.4	78.7	164.1
山西	522.9	81.3	100.3	40.6	121.9
上海	1266.6	32.0	9.6	6.7	38.7
北京	590.4	14.3	28.9	21.1	35.5
天津	581.8	11.8	7.3	5.8	17.6
宁夏	389.2	12.0	18.1	2.7	14.7
全国	682.5	26323.2	8246.5	1139.3	27462.5

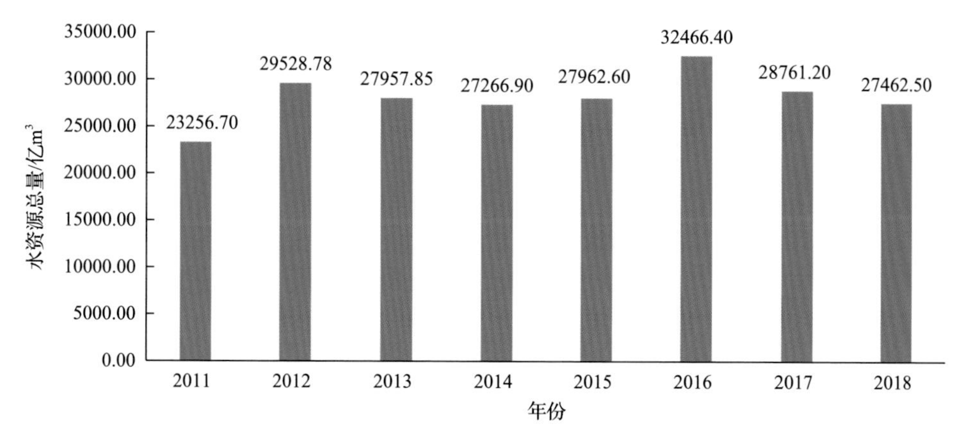

图 2-7　2011～2018 年我国水资源总量变化

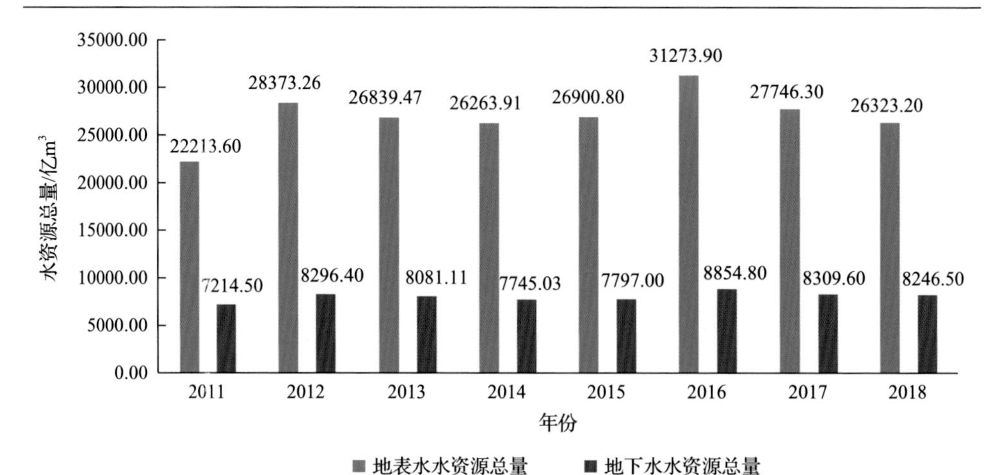

图 2-8　2011～2018 年我国地表水与地下水资源总量

我国煤炭资源与水资源呈逆向分布，东南沿海地区水资源丰富，煤炭资源稀缺；西部地区煤炭资源丰富，水资源稀缺。目前煤炭开发重心正向西部转移，由于西部生态环境脆弱，水资源蒸发量大，开展煤炭开发水资源保护与利用研究具有非常重要的意义。

第三章 我国矿井水资源现状及特征

一、矿井水的形成

(一) 煤矿矿井水的形成

矿井水是矿产资源开采过程中的主要副产物，随着我国采矿行业的不断发展，我国的矿产资源开发的规模不断扩大，矿井水的产生量也在逐步上升。长期以来，水资源短缺一直限制我国大部分地区社会经济发展，而矿产资源开采中的大量用水不仅会使地表水逐渐减少，还会使地下水位也产生变化，导致矿区工农业生产和生活用水紧张，同时影响矿区周边居民的正常生活。另外，由于部分矿井水含有有毒有害污染物，未经处理直接外排会污染环境，甚至会破坏生态平衡。

近些年来，随着政府部门的重视、采矿技术的不断发展和环保标准的不断提升，矿井水也开始被视为一种水资源，可以在经过处理后加以利用，重新投入生产与生活中，为环境保护和缓解水资源紧张做出贡献，可以实现社会效益、环境效益和经济效益的统一。

矿井水是矿井开采过程中产生的地下涌水，与煤、岩层接触，发生一系列物理、化学和生化反应而形成。根据充水水源分为地表水(大型地表水体，如海、河流、湖泊、水池、沼泽和水库等)和地下水。其中，地下水依据充水含水层介质特征可划分为松散岩孔隙水、基岩裂隙水和岩溶水；依据充水含水层水力特征可划分为上层滞水、潜水和承压水；依据煤层与充水岩层相对位置，可划分为顶板水、底板水和周边充水。

1. 根据煤层与含水层位置分类

根据煤层与含水层位置关系，矿井水充水水源包括地表水、顶板水、底板水和周边充水。另外，还存在井下降尘、生产等用水。

地表水：大型地表水体分布(海、河流、湖、水库等)的矿区，一般分布较为集中、水量较大，采煤活动及其影响范围一旦与其形成水力联系，就会进入矿井(或矿坑)，形成矿井水。

顶板水：采煤活动及其影响范围(冒落裂隙带、导水构造等)触及矿体上部的充水岩层，导致顶板含水层地下水进入矿井(或矿坑)。依据矿体与充水岩层的接触关系，分为顶板直接水源和间接水源。矿井水量的大小与其导通的充水含水层富水性和连通性直接相关，若采煤活动影响范围内的含水层富水性和连通性较强，则矿井水量较大。

底板水：采煤活动及其影响范围(矿压破坏带、导水构造等)触及矿体下部的充水岩层时，导致底板含水层地下水进入矿井(或矿坑)。依据矿体与充水岩层的接触关系，底板水源可划分为底板直接充水水源和间接充水水源。同理，矿井水量的大小与其矿压破坏带触及的充水含水层富水性和连通性直接相关，若采煤活动影响范围内的含水层富水性和连通性较强，则矿井水量较大。

周边充水：采煤活动及其影响作用(造成裂隙萌生、断裂活化等)触及矿体周边充水岩层时，导致周边充水岩层地下水进入矿井(或矿坑)。依据矿体与充水岩层的接触关系，周边水源可划分为直接充水水源和间接充水水源，其矿井水水量与周边充水含水层的富水性和裂隙连通性呈正相关关系。

2. 根据矿井水的来源分类

矿井水的来源主要包括地表水、老窑水、孔隙水、裂隙水和岩溶水五种。

地表水：①大气降水沿地层流入(渗入)地下，与地下水汇流并进入采掘工作面，大气降水是地下水的最终补给来源，大气降水直接或间接对矿井涌水产生影响，对露天煤矿而言，大气降水是直接充水水源，其涌水量大小随季节变化很大，大气降水对矿井生产的影响大小，取决于降水量的大小和充水含水层接受大气降水的条件；②煤层上方地表水在采动影响下通过井口、采动裂隙、断层、顶底板封闭不良地质钻孔等通道流入矿井，包括地表江河湖泊、水库等，当地表水成为矿井充水水源时，地表水体的水量、充水岩层的透水性、地表水的补给距离等因素决定了矿井的充水程度。

老窑水：煤矿的采空区及废弃巷道中存留下来的地下水，称为老窑水。老窑积水常以储存量水为主，易于疏干，在生产矿井遇到或接近它时，往往容易发生突水(图 3-1)，一旦发生突水，则来势凶猛，造成矿井涌水量突然增加，突水中携带煤块和石块，有时还可能含有害气体。当采掘工作面周围存在古井、老窑、采空区积水等情况，在井下采掘活动接近这些区域时，可能会造成矿井水涌入到

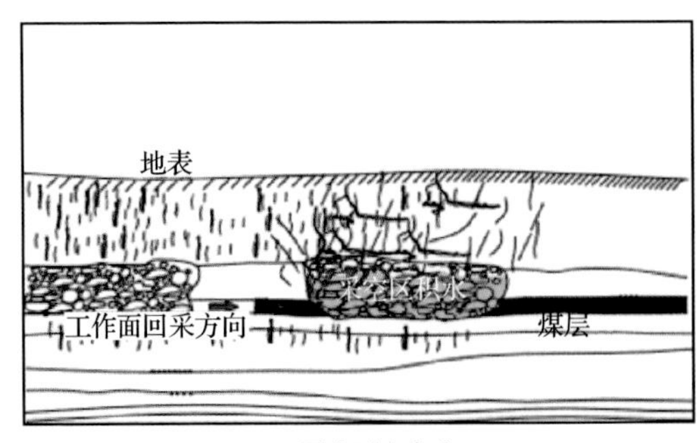

(a) 同水平老窑水

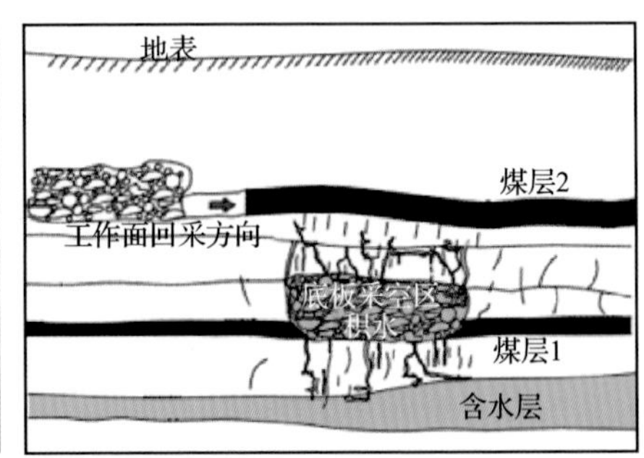

(b) 底板老窑水

图 3-1 老窑水突水示意图

施工工作面。此类矿井水一般没有补给源的供给，一旦突水，虽然涌水量很大，但持续时间不长，容易疏干，若与其他水源有水力联系，则可形成量大而稳定的涌水，对煤矿生产危害较大。

孔隙水：矿井水的主要来源之一，存在于煤层上方岩层内，一般为古近系、新近系、第四系松散层以及中粗粒砂岩含水层内的水。这部分水进入采掘活动区域的主要原因是受采动影响，通过采空冒落带、地面塌陷坑、煤层顶底板含水层裂隙等导入到采掘工作面。孔隙水的存在条件和特征取决于孔隙发育程度，孔隙的大小不仅关系到其透水性的强弱，也影响到地下水量和水质。

裂隙水：裂隙水的赋存和特征与裂隙性质和发育程度有关。根据裂隙的成因，可分为风化裂隙、成岩裂隙和构造裂隙三类，其中以构造裂隙对煤矿生产影响最大。裂隙水进入采掘工作面通道主要有天然通道和人为通道，天然通道包括断层、破裂带、岩层裂隙等，人为通道包括封闭不良的地质钻孔、采空区导水裂隙等。

岩溶水：可溶性岩石如石灰岩、白云岩等被水溶蚀后产生的空隙称为岩溶，赋存于其中的地下水称为岩溶水。岩溶的形态多样，小到溶孔、溶隙、溶槽，大到溶洞、溶沟及暗河。所以，岩溶发育极不均匀，岩溶水的不均一性、集中性、方向性更加突出。岩溶水是矿井水的主要来源，也是造成矿井水害的主要因素，包括华北石炭纪—二叠纪、中奥陶系煤系或煤层底板承压含水层，由于采掘活动的影响，破坏其原有含水层的封闭环境，导致含水层中的水通过采动裂隙、破碎带、断层等通道进入施工现场，如图 3-2 所示。

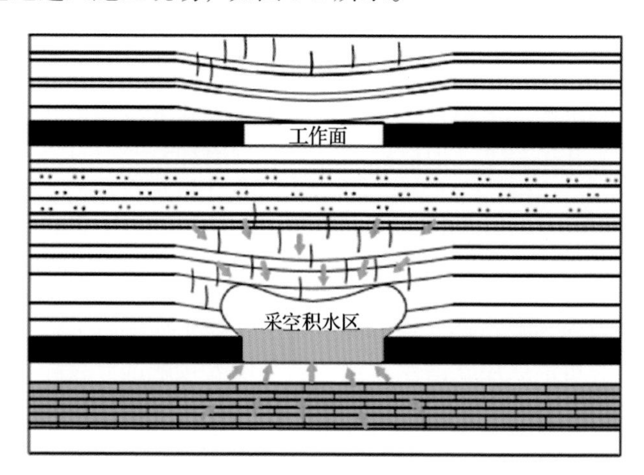

图 3-2　砂岩、石灰岩充水水源示意图

(二)金属矿矿井水的形成

金属矿矿井水是指矿山在采掘过程中充入井下采掘空间的水，是矿山开采过程中受污染的地下水。金属矿床的成矿机理、产状、赋存条件、开采工艺以及矿井水的形成都比煤矿复杂得多。金属矿床的成因主要有五类：①风化-沉积作用矿床类，包括陆源沉积成岩矿床、陆源(热水)再造矿床、风化淋滤矿床、砂矿床；②渗流作用矿床类，包括热卤水矿床、热卤水沉积矿床；③岩浆(侵入)作用矿床类，包括岩浆分凝矿床、岩浆(侵入)热液矿床；④火岩作用矿床类，包括矿浆喷溢矿床、火山热液矿床、火山热液沉积矿床；⑤变质作用，包括沉积变质矿床、变质热液矿床、叠加变质热液矿床。由上述成因可知，金属矿床一般赋存在硬岩中，同时，除铁矿外，多数矿床为脉状矿体，脉状矿体常出现分支复合、尖灭等现象，产状十分复杂。因此，在开采工艺方面，金属矿床的采矿方法根据回采时地压管理方法不同，主要采用空场采矿法(类似于柱式体系采煤法)和崩落采矿法，充填采矿法主要用于开采金矿和铀矿等，以及地表需要保护的情况。由于金属矿床赋存条件复杂、矿体形状和产状复杂多变以及矿石种类繁多、价值不一，迄今在生产实践中应用的采矿方法多达200余种，现常用的采矿方法达20多种，且每种采矿方法需与其产状和赋存条件相适应。因为矿体赋存在硬岩中，不管采用哪种采矿方法，为了形成接近于矿体的通道，凿岩爆破将是每一种采矿方法必需的基本采矿工艺。这与煤矿有很大的差别。对煤矿体来说，煤矿只能存在于沉积岩中，并且在若干万年前此地是森林，换句话说，煤就属于沉积岩。它和赋存的岩层一样，都是软岩。在开采工艺上，地下煤炭开采方法主要就是壁式采煤法和柱式采煤法，是一种以切割、剥离为主的采矿方法。

金属矿矿井水的形成途径也比煤矿复杂，因此要弄清金属矿矿井水的来源和通道，来源主要如下。

(1)天然地表水，包括大气降水的渗入或流入，在雨季表现得尤为明显，地面上的河流、湖泊、水库、池塘水，也会渗入和流入井下成为矿井水。地表水能否成为矿井水源，与开采深度、地层构造和采矿方法有关。

(2)采空区和废弃的巷道积水。

(3)孔隙水，储存于疏松岩层孔隙中。

(4)裂隙水，按裂隙成因分三类：风化裂隙水，多分布于基岩表面，大部分为潜水，补给来源为大气降水；成岩裂隙水，多存在于火成岩中，喷出岩出露地表接受降水，补给后可形成层状潜水，侵入岩与围岩接触部分裂隙发育，形成富水带；构造裂隙水，赋存在构造裂隙中的地下水，又分为层状裂隙水和脉状裂隙水。

(5)岩溶水，按岩溶形态分三类：以溶蚀裂隙为主的岩溶充水矿井水，中国北方的铝土矿、夕卡岩型铁矿大多属于这种类型；以溶洞为主的岩溶充水矿井水，南方长江中下游及南岭多金属矿带以及云、贵、川、粤南的多金属矿，多属于该类型；以暗河为主的岩溶充水矿井水，川东南的硫铁矿，广西、湖南的一些金属矿属该类型。

(6)地表补给水，金属矿在基建、开采、开拓和充填过程中有相当大比重的水来自地表水补给，最终形成矿井水。

综上所述，具体金属矿矿井水来源分类如图 3-3 所示。此外，归纳总结了典型金属矿矿井水来源类型如表 3-1 所示。

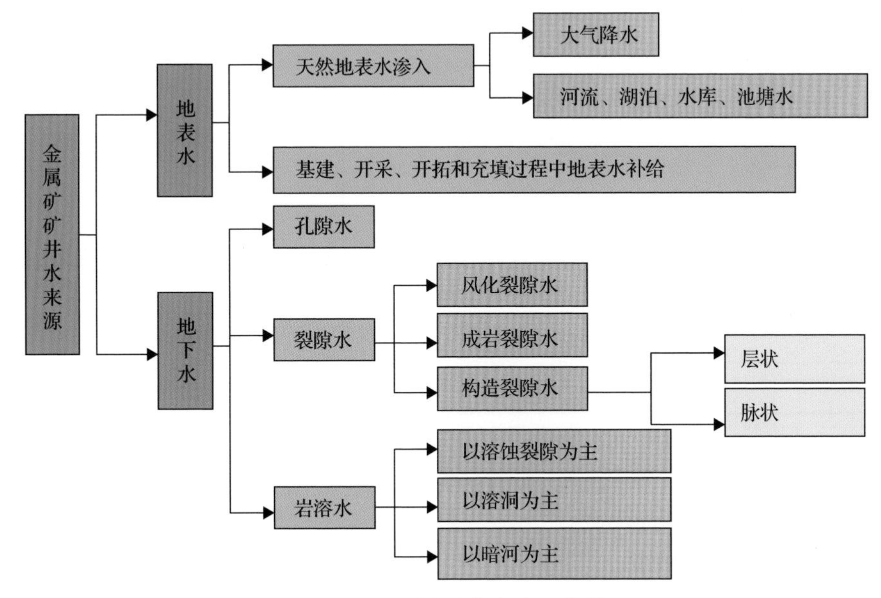

图 3-3 金属矿矿井水来源分类

表 3-1 金属矿矿井水来源类型

省份	矿山名称	矿井水来源
山东	张马屯铁矿	大气降水、孔隙水、岩溶水
	河东金矿	裂隙水
	三山岛金矿	裂隙水
	黑旺铁矿	大气降水、岩溶水、裂隙水
吉林	板石沟铁矿	大气降水、孔隙水、裂隙水
河北	凤凰山铁矿	岩溶水
	南李庄铁矿	岩溶水
	司家营铁矿	河流、裂隙水
	北洺河铁矿	河流、岩溶水、裂隙水
湖北	铜绿山铜铁矿	岩溶水
内蒙古	得耳布尔铅锌矿	大气降水、裂隙水

续表

省份	矿山名称	矿井水来源
江西	新庄铜铅锌矿	岩溶水
	崇仁聚源钨矿	裂隙水
	东乡铜矿	岩溶水
安徽	新桥硫铁矿	河流、水库、岩溶水、裂隙水
云南	个旧锡矿	岩溶水
	金顶铅锌矿	孔隙水、岩溶水
甘肃	阳山金矿	孔隙水、裂隙水
湖南	水口山铅锌矿	溪水、裂隙水
广东	凡口铅锌矿	岩溶水

二、矿井水资源概况

(一)煤矿矿井水资源概况

1. 煤矿矿井水资源统计方法论

我国水资源与煤炭资源呈逆向分布，中西部富煤地区多处于干旱和半干旱生态脆弱区，水资源短缺严重，而煤炭开采过程中为了保障生产的安全，必须排放大量矿井水，如何实现煤炭开发与水资源保护利用相互协调是煤炭绿色开发面临的重大技术难题。目前矿井水排放量仍缺少比较明确的数据，而且由于煤矿数量多、分布广、相对分散，不可能对所有煤矿逐一调查，因此本次研究采取样本分析法，以大中型矿井为主要调查对象，兼顾小型矿井。

根据调研获得的煤矿生产阶段煤炭产量和矿井排水量，采用矿井富水系数公式(即吨煤排水量)进行计算：

$$K_{\mathrm{p}}=Q/P \tag{3-1}$$

式中，K_{p}为矿井富水系数；Q为某一时期(通常为1年)内矿井(或采区)排水量；P为同一时期的开采量。

根据各地区煤矿分布特征并结合水资源配置要求，评价以各省分区为计算单元。例如，安徽省可以根据自然地理、煤炭赋存和水资源条件分为淮南区、淮北区和皖北区，陕西省可以分为陕北区和渭北区。评价主要依据本次现场调研和收集的数据为基础，煤炭的产量按照实际产量(或设计产能)为前提，利用产量类比法进行计算评价。

$$r_{均}=\frac{W_{总}}{M_{总}}=\frac{(M_1+M_2)\times\frac{W_1}{M_1}}{M_{总}} \tag{3-2}$$

式中，$r_{均}$为矿井水总排放率，即生产每吨煤所排出的水量；$W_{总}$为区内矿井水总排放量；$M_{总}$为区内煤矿的总产量；W_1为被调查煤矿矿井水排放量；M_1为被调查煤矿的产量；M_2为区内未被调查煤矿的产量。

西部地区自然地理、地质地貌条件、煤炭分布与埋藏特征及煤炭分布区水资源特点等方面存在较大差异，本节根据以下原则进行分区：自然地理特征(包括地形地貌、地质条件等)，煤炭赋存和开采条件(即煤矿分布区煤层埋藏特征及其开采方式等)，区域水资源条件(重点是地下水赋存条件)。

根据调研对西部各省大中型煤矿的原煤产量和矿井涌水量的统计，汇总为各省分区的原煤总产量和矿井总涌水量，计算总的平均富水系数，由此得到各省分区的矿井涌水量(排水量)。

2. 我国煤矿矿井水资源整体概况

2005 年，中国煤炭工业协会和中国矿业大学(北京)调研统计得出，我国煤矿富水系数(即吨煤排水量)为 2.1，煤炭产量约 20 亿 t，全国矿井水资源量约为 42 亿 m^3。

根据《煤矿矿井水处理利用工艺技术与设计》中的统计数据，2010 年我国煤炭产量为 32.4 亿 t，矿井富水系数为 1.9，全国煤矿矿井水产生量约为 61 亿 m^3。

2018～2019 年，本书共计调研与收集了全国 11 个省、自治区的 396 座生产矿井的资料，并充分考虑了在建矿井、停产与废弃矿井排水影响，通过统计分析得出全国平均煤矿富水系数约为 1.87，我国东部地区(鲁、豫、冀、皖、苏)的煤矿富水系数约为 2.59，西部地区(晋、陕、蒙、甘、宁、疆)的煤矿富水系数约为 1.52，其他省份的煤矿富水系数约为 3.38。根据 2018 年我国煤炭产量 36.8 亿 t，可以得出 2018 年全国矿井水产生量约为 68.8 亿 m^3，详细的矿井水产生量详见表 3-2。2005 年与 2018 年矿井水产生情况对比见图 3-4。

由图 3-4 可以看出，随着我国煤炭开发战略的不断西移，我国西部地区的矿井水产生量和在全国总量和占比分别由 2005 年的 9.0 亿 m^3 和 21%大幅增加到 2018 年的 42.8 亿 m^3 和 62%，同时，由于资源枯竭和去产能等原因，我国东部地区和其他地区的矿井水产生量和在全国总量的占比都显著降低。

表 3-2　2018 年我国矿井水产生量概况

区域	煤炭产量/万 t	煤矿富水系数	矿井水产生量/亿 m^3
东部(鲁、豫、冀、皖、苏)	41105	2.59	10.6
西部(晋、陕、蒙、甘、宁、疆)	281474	1.52	42.8
其他	45421	3.38	15.4
全国	368000	1.87	68.8

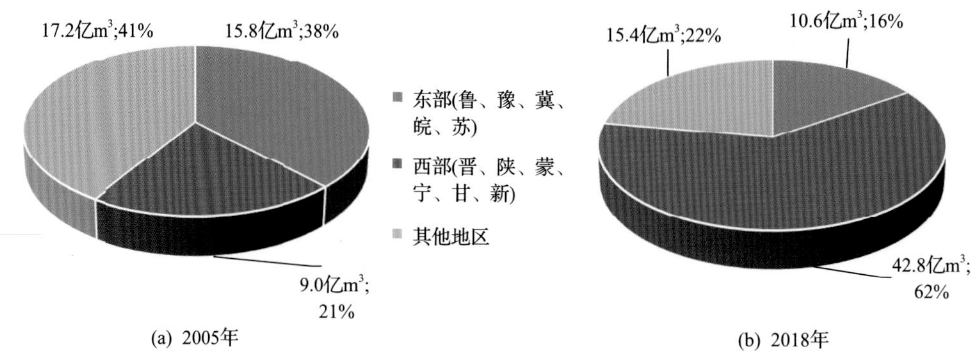

图 3-4　2005 年和 2018 年煤矿矿井水产生量和占比情况

(二) 金属矿矿井水资源概况

我国金属矿遍布全国，种类众多，相对分散，每种金属矿的生产都伴随着矿井水的产生，为了更合理地制订矿井水资源发展规划，了解矿区井下水资源状况，准确地统计矿井水资源量等问题就变得十分重要。

矿井水资源量可通过统计矿井水涌水量获得，由于无法对所有种类金属矿逐一调查，导致矿井涌水量(排水量)统计工作困难，因此，2018 年通过对不同矿种、不同区域的金属矿进行实地调研，选取 18 个典型金属矿(铁矿 8 个，有色矿 10 个)统计矿井水涌水量并估算全国金属矿矿井水产生量。金属矿的选取分别来自华北的内蒙古、河北，东北的辽宁、吉林，华中的湖北，华南的广西，华东的安徽、江西，西南的云南等省份(自治区)，选取矿山区域兼顾富水和缺水，所选金属矿具有一定代表性。

金属矿矿井涌水量估算如下：

$$W_{总}=W\times M_{总} \tag{3-3}$$

式中，$W_{总}$为金属矿矿井涌水量；W 为原矿吨矿涌水量；$M_{总}$为金属矿原矿总产量。

$$W=W_i/M_i \tag{3-4}$$

式中，W 为原矿吨矿涌水量；W_i 为年矿井涌水量，即某金属矿矿种的年度矿井水涌水总量；M_i为年产量，即某金属矿矿种的年度总产量。

$$M_{总}=\sum_{i=1}^{n}M_i/p \tag{3-5}$$

式中，$M_{总}$为金属矿原矿总产量；M_i为不同矿种的原矿产量；p为不同矿种的品位。

我国习惯将铜、铅、锌、铝、镁、镍、钴、钨、锡、钼、铋、汞、锑等矿种作为有色金属矿产资源。由表3-3和表3-4可知，以铁矿和有色矿产量为权重，则加权平均原矿吨矿涌水量为1.062m³/t，2018年金属矿原矿总产量为176983.2552万t，可以得出2018年全国金属矿矿井水产生量为18.80亿m³。

表3-3　2018年调研金属矿矿井水涌水量概况

矿种	总储量/万t	总产量/万t	矿井涌水总量/万m³	吨矿涌水量/(m³/t)
铁矿	46084.99	1355	2560.4772	1.89
有色矿	110245.84	2542.17	1578.3296	0.62

表3-4　2018年金属矿原矿产量汇总

矿种	矿石原矿产量/万t
铁矿	76337.4
有色矿	100645.8552
金属矿原矿总产量	176983.2552

三、矿井水的水质特征及分类

（一）煤矿矿井水的水质特征及分类

受沉积时期、地质构造、煤系伴生矿物成分、周围环境条件等因素影响，煤矿矿井水水质变化较大。特别当矿井水流经采煤工作面、巷道、采空区时，受到人类生产生活活动的影响，岩粉、煤粉和其他有机物进入水体，使矿井水水质较复杂，且差异较大。矿井水类型一般可分为洁净矿井水、含悬浮物矿井水、高矿化度矿井水、酸性矿井水和含特殊污染物矿井水五种类型。

(1)洁净矿井水：洁净矿井水即未被污染的干净地下水，基本符合国家生活饮用水的水质标准，有的还含多种微量元素，可开发为矿泉水。对这类矿井水可按一般饮用地下水进行处理，处理后直接供居民作为生活用水。

(2)含悬浮物矿井水：含悬浮物矿井水，一般水质为中性，矿化度小于1000mg/L，金属离子微量或未检出，或基本上不含有毒有害离子。矿井水中悬浮物浓度变化较大，为100～5000mg/L。矿井水中悬浮物主要为煤岩粉微粒，其平均密度是地表水中悬浮物(主要为泥沙)平均密度的一半左右，水中所含固体颗粒细、灰分高、颗粒表面多带负电荷。由于颗粒多带同号电荷，它们之间产生斥力阻止颗粒间彼此接近聚合成大颗粒而下沉，同时颗粒同周围水分子发生水化作用，形成水化膜，也阻止颗粒聚合，使颗粒在水中保持分散状态。

(3)高矿化度矿井水：高矿化度矿井水也称含盐矿井水，一般是指含盐量大于1000mg/L的矿井水。这类矿井水的水质多数呈中性或偏碱性，水中Ca^{2+}、Mg^{2+}、HCO_3^-、SO_4^{2-}、Cl^-等离子浓度较高，硬度较大，矿化度大多为1000～4000mg/L，最高可达15000mg/L。因高矿化度矿井水含盐量大，带苦涩味，因此也称苦咸水。

(4)酸性矿井水：酸性矿井水主要分布在我国南方，是指 $pH<6$ 的矿井水，pH 一般介于 2.0～4.0，含 SO_4^{2-}、Fe^{2+}、Fe^{3+}、Mn^{2+}及其他金属离子，水中 SO_4^{2-}浓度较高，其矿化度与硬度也因酸性作用而增高。矿井水呈酸性的主要原因是采煤活动将原来的还原环境变为氧化环境，与煤共生伴生的硫铁矿发生氧化，形成硫酸，pH 下降，当煤系地层中的矿物碱性不足以中和硫酸的酸性时，就形成酸性矿井水。酸性矿井水的形成除和煤的存在状态、含硫量有关外，还和矿井的涌水量、密闭状态、空气流通状况以及微生物的种类和数量等有密切的关系。

(5)含特殊污染物矿井水：主要是指矿井水中放射性指标或毒理学指标(如重金属、氟、砷等)超过国家有关标准和规定的矿井水，如含氟矿井水、含重金属矿井水、含反射性元素矿井水、含油类矿井水等。

(二)金属矿矿井水的水质特征及分类

金属矿矿井水在未受污染前和一般地下水一样，其水质特征由含水层的岩性和水力条件所决定，大多数矿井水为中性到弱碱性、低矿化度、有毒物质含量一般在检出限以下。但在金属矿产资源开采过程中，矿井水流经开采工作面、巷道和选厂时，受到人为因素的影响，岩粉、矿粉和其他有机物掺入水中，水被污染。金属矿井水质特征与煤矿矿井水水质特征基本相同，可划分为四大类，分别是含悬浮物矿井水、高矿化度矿井水、酸性矿井水、含有特殊污染物矿井水，针对不同类别提出不同的处理技术和要求。相比煤矿而言，金属矿矿井水中含有种类多、浓度高的重金属离子(一般含 Cu、Pb、Zn、Cd、As 和 Mn 等)，因此重金属污染较严重。此外矿井水废水中往往还含有钠、镁、钙等的硫酸盐、氯化物或氢氧化物。长期饮用受污染的金属矿矿井水会引发骨质疏松、氟斑牙等疾病，排放后会对地表水造成严重的污染，因此含有有害有毒元素或放射性元素的矿井水在外排或使用之前需要经过严格处理并使其达标。

第四章　我国矿井水利用现状

一、我国矿井水利用政策法规

(一)矿井水有关的国家规划

为促进矿井水资源化利用，节约水资源，近年来在国家层面制定了矿井水相关规划，以指导更好的保护与利用矿井水资源，相关规划详见表 4-1。

表 4-1　矿井水相关国家规划

规划名称	规划制定单位	规划印发时间
矿井水利用发展规划 （发改环资〔2013〕118 号）	国家发改委 国家能源局	2013 年 1 月
循环经济发展战略及近期行动计划 （国发〔2013〕5 号）	国务院	2013 年 1 月
水污染防治行动计划	国务院	2015 年 4 月
煤炭清洁高效利用行动计划(2015—2020 年) （国能煤炭〔2015〕141 号）	国家能源局	2015 年 4 月
煤炭工业“十三五”规划 （发改能源〔2016〕2714 号）	国家发改委 国家能源局	2016 年 12 月

1. 矿井水利用发展规划

根据《中华人民共和国国民经济和社会发展第十二个五年计划纲要》和《中华人民共和国水法》、《中华人民共和国水污染防治法》、《煤炭工业发展“十二五”规划》以及国家其他有关节水政策法规要求，2013 年 1 月国家发改委、国家能源局联合印发了《矿井水利用发展规划》。《规划》明确提出矿井水利用指导思想、发展目标、工作重点、保障措施，是我国中长期水资源节约和替代规划的重要组成部分，也是我国矿井水利用工作的指导性文件。《规划》范围是全国矿产资源采掘行业，以煤矿企业矿井水排放利用为主，以年涌水量(或排水量)60 万 m^3 及以上的采矿企业为重点。规划基准年为 2010 年，目标展望至 2020 年。

《规划》要求以提高矿井水利用率为目标，以企业为主体，以市场为导向，以技术创新为动力，坚持统筹规划、因地制宜、统筹兼顾、有效利用的方针，加强政策引导，完善配套政策措施，提高技术装备水平，降低处理成本，促进矿井水净化处理工程建设，推动矿井水利用产业化发展。

《规划》提出到 2015 年，逐步建立较完善的矿井水利用法律法规体系、宏观管理和技术支撑体系，实现矿井水利用产业化；全国煤矿矿井水排放量达 71 亿 m^3，利用量 54 亿 m^3，利用率提高到 75%，新增矿井水利用量 18 亿 m^3，加上非煤矿山新增矿井水利用量约 5 亿 m^3，全国新增矿井水利用量约 23 亿 m^3。

《规划》确定了重点产煤矿区、大涌水量矿区和严重缺水矿区等重点矿区的矿井水利用工作；针对华北、东北、华东、中南、西南和西北等地区矿井水资源及利用基础和条件，因地制宜选择矿井水利用发展方向和重点。

《规划》制定了五条保障措施：一是加强组织领导，认真落实规划；二是依靠技术进步，提升装备水平；三是完善规章制度，加强科学管理；四是拓宽融资渠道，加大资金投入；五是动员各方力量，搞好协作配合。

2. 循环经济发展战略及近期行动计划

为落实党的十八大推进生态文明建设战略部署，实现“十二五”规划《纲要》提出的资源产出率提高 15%的目标，国家编制了《循环经济发展战略及近期行动计划》，对发展循环经济做出战略规划，对今后一个时期的工作进行具体部署。2013 年 1 月，国务院印发了《循环经济发展战略及近期行动计划》，其中明确提出：“鼓励采用保水开采”，“推动矿井水用于矿区补充水源和周边地区生产、生活和生态用水”“煤化工行业鼓励再生水、矿井水利用”“推动矿井水用作生活、生态用水”。并要求到 2015 年，“矿井水综合利用率达到 75%”。

3. 水污染防治行动计划

2015 年 4 月，国务院印发了《水污染防治行动计划》给出 10 条、35 款、76 项约束性“硬指标”，针对当前水污染以及生态环境问题，提出了系统全面的政策措施。

其中，针对矿井水，“水十条”明确指出：“推进矿井水综合利用，煤炭矿区的补充用水、周边地区生产和生态用水应优先使用矿井水，加强洗煤废水循环利用。”

4. 煤炭清洁高效利用行动计划(2015—2020 年)

为加快推动能源消费革命，进一步提高煤炭清洁高效利用水平，有效缓解资源环境压力，2015 年 4 月，国家能源局发布了《煤炭清洁高效利用行动计划(2015—2020 年)》。其中明确要求“加大煤矸石、煤泥、煤矿瓦斯、矿井水等资源化利用的力度”，“有条件的矿区实施保水开采或煤水共采，实现矿井突水控制与水资源保护一体化”，并提出“到 2020 年，在水资源短缺矿区、一般水资源矿区、水资源丰富矿区，矿井水或露天矿矿坑水利用率分别不低于95%、80%、75%”的目标。

5. 煤炭工业“十三五”规划

根据《中华人民共和国国民经济和社会发展第十三个五年规划纲要》和《能源发展“十三五”规划》(以下简写为《规划》)编制，阐明“十三五”时期我国煤炭工业发展的指导思想、基本原则、发展目标、主要任务和保障措施，是指导煤炭工业科学发展的总体蓝图和行动纲领。

《规划》中要求推行煤炭绿色开采，因地制宜推广充填开采、保水开采、煤与瓦斯共采、矸石不升井等绿色开采技术。并要求加强充填开采、保水开采等绿色开采等技术研发，推动创新成果的推广和产业化应用。

《规划》中提出了到2020年的发展目标和预期治理效果：全国矿井水综合利用率达到80%；东部地区采取井下充填等措施，矿井水利用率92%；中部和东北地区采取井下充填等措施，矿井水利用率77%；西部地区采取井下充填、保水充填开采等措施，矿井水利用率80%。

(二)典型省份(自治区)矿井水规划和政策

根据国家相关规划要求，主要产煤省份(自治区)近年来也相继出台了矿井水方面的规划与政策。本节列举了山西省、陕西省、内蒙古自治区和宁夏回族自治区的相关规划与政策，详见表4-2。

表4-2　典型省份(自治区)矿井水相关规划与政策

文件名称	印发时间	涉及矿井水的内容
山西省煤炭资源综合利用规划(晋经信资源字〔2018〕151号)	2018年6月	到2020年，矿井水和生活污水处置率达到100%，矿井水综合利用率达到90%。鼓励煤炭生产企业采取保水采煤措施，保护地下水径流带岩层，对矿井涌水长期观测、建档。鼓励煤矿结合矿井水水质和排放量，因地制宜制订矿井水处理回用方案，具体回用方案应优先保证矿区内用水，尤其做到先井下后井上，先矿内后矿外，先生产后生活。鼓励企业将处理后的矿井水回用于井下消防洒水、洗煤补充用水、热电厂循环冷却用水、绿化道路及贮煤防尘洒水、施工用水、矸石山灭火用水、农田灌溉用水、市政建设和城市环境用水等。鼓励企业探索利用废旧矿井回灌或储存矿井水，建设地下水库储存水资源作为农村人畜饮水和农田灌溉用水； 鼓励企业开展煤层气、煤矸石、矿井水等煤系共伴生矿产资源多途径开发利用项目建设； 加强煤矿矿井水利用方案审核，严格矿井水抽排管理，提高矿井水综合利用率

续表

文件名称	印发时间	涉及矿井水的内容
山西省水污染防治工作方案(晋政发〔2015〕59号)	2016年1月	落实《山西省循环经济促进条例》要求，加快推进煤矿矿井水排放达地表水环境质量III类标准； 推进矿井水综合利用，煤炭矿区的补充用水、周边地区生产和生态用水应优先使用矿井水，加强洗煤废水循环利用； 优化全省水资源配置，将再生水、雨水、矿井水等非常规水源纳入水资源统一配置，充分利用城市再生水和矿井水
山西省水污染防治2018年行动计划(晋政办发〔2018〕55号)	2018年6月	现有工业企业废水治理设施全面提效改造。煤矿外排矿井水化学需氧量(COD)、氨氮、总磷三项主要污染物达地表水环境质量III类标准
陕西省矿产资源总体规划(2016—2020年)(陕国土资发〔2017〕97号)	2017年7月	到2020年，全省煤炭矿井水复用率达到80%，其他矿种矿山用水重复利用率达到55%～65%
陕西省水污染防治工作方案(陕政发〔2015〕60号)	2015年12月	推进矿井水综合利用，煤炭矿区的补充用水、周边地区生产和生态用水应优先使用矿井水，洗煤废水闭路循环不外排
陕西省人民政府关于支持榆林高质量发展的意见(陕政发〔2018〕9号)	2018年3月	风沙草滩区大型煤矿矿井水实行就近分区利用，优先用于生态回灌、采空区回灌和农灌和相关区域工业应急用水。整合各类生态项目，支持大型煤矿建设矿井水利用湿地公园等示范工程和化工项目综合利用
内蒙古自治区水污染防治条例	2019年11月	旗县级以上人民政府鼓励开发、利用城市再生水、疏干水等非常规水源。工业园区、高耗水工业企业应当优先配置利用非常规水源
内蒙古自治区能源发展“十三五”规划	2017年6月	加大低热值煤、煤矿瓦斯、矿井水等资源化利用力度； 加强煤炭安全绿色开采，重点研发井下采选充一体化、绿色高效充填开采、保水开采等技术研发应用
内蒙古自治区煤炭工业转型发展行动计划(2017—2020年)	2017年5月	总结神华准格尔黑岱沟、哈尔乌素、伊敏露天矿矿区复垦绿化、神东集团井工矿保水开采和地面绿化做法，推广鄂尔多斯裕兴煤矿、赤峰公格营子煤矿矸石充填开采经验，推广鄂尔多斯长城二号井、布尔台煤矿巷道式充填开采和李家塔煤矿井下采选集成技术
内蒙古自治区水污染防治三年攻坚计划(内政办发〔2018〕96号)	2018年12月	推进矿井水综合利用，煤炭矿区的补充用水、周边地区生产和生态用水应优先使用矿井水，加强洗煤废水循环利用； 将再生水、疏干水、雨水等非常规水源纳入水资源统一配置
宁夏回族自治区节能降耗与循环经济“十三五”发展规划	2017年3月	加大煤矸石、煤泥、煤矿瓦斯、矿井水等资源化利用的力度； 推进宁东化工基地煤炭矿井水综合利用，矿区补充用水、工业园区及企业生产和生态用水应优先使用矿井水，加强洗煤废水循环利用。重点实施神华宁煤集团宁东矿区矿井水及煤化工废水处理项目、红柳煤矿矿井水处理工程(二期)等项目
宁夏水利发展“十三五”规划(宁政办发〔2017〕43号)	2017年2月	“十三五”期间，要把再生水、微咸水、矿井水、雨洪水等非常规水资源纳入区域水资源配置； 宁东能源化工基地和工业园区积极利用再生水和矿井水疏干水
宁夏回族自治区水污染防治工作方案(宁政发〔2015〕106号)	2015年12月	重点推进宁东能源化工基地煤炭矿井水综合利用，矿区的补充用水、园区及企业生产和生态用水应优先使用矿井水

续表

文件名称	印发时间	涉及矿井水的内容
安徽省煤矿防治水和水资源化利用管理办法（皖经信煤炭〔2017〕218号）	2017年8月	矿井水应经过处理后达标排放，排放标准执行《煤炭工业污染物排放标准》。严禁矿井水未经处理直接排放。矿井水处理设施的进水、出水和回用管路要安装计量装置，计量装置安装率要达100%； 矿井正常涌水量在$100m^3/h$及以上的，必须实施矿井水资源利用工程，用于煤炭洗选、井下生产用水、消防用水、绿化用水和综合利用电厂等，水资源综合利用率应在70%以上，煤矿建设项目设计中应优先选择矿井水作为生产水源； 煤矿建设和发展其他工业项目用水，应当优先选用矿井水作为工业用水水源；可以利用的矿井水未得到合理、充分利用的，不得开采和使用其他地表水和地下水水源
江苏省煤矿安全改造“十二五”规划（江苏省能源局）	2011年6月	矿井水害防治工程：通过微山湖西大堤采煤沉陷防汛险工段加固工程、姚桥煤矿井田西部边界F_{18}、F_{19}断层位置控制钻探工程、深部采区陷落柱探查工程、孔庄煤矿东深部边界断层（徐庄断层）保安煤柱留设研究工程、水体下采煤安全性评估研究工程，建立完善的矿井涌水监测系统工程，降低矿井水害威胁
山东省水资源条例（山东省水利厅）	2017年9月	直接从河流、湖泊、水库、地下取用水资源或者直接取用其他取水单位再生水、矿井排水等退排水的，应当向具有审批权限的水行政主管部门提出取水申请，办理取水许可。法律、法规规定不需要办理取水许可的除外景观用水、园林绿化、环境卫生用水应当采用节水技术，优先利用雨水和再生水、矿井水等非常规水源
河南省水利厅关于开展煤矿矿井疏干排水普查工作的通知（豫水政资〔2011〕4号）	2011年6月	河南省为提高出水质量，扩大使用范围，进一步研究和制订引导鼓励矿井疏干排水利用的政策措施，加强监督，对新开工矿井严格按照“三同时”原则，建设矿井疏干排水回收和利用工程，完善市场机制，调整价格政策鼓励和引导社会利用矿井疏干排水，建立河南省煤矿矿井疏干排水资源综合利用和重点示范工程体系，提升矿井疏干排水利用水平
河北省煤矿水防治管理办法（冀煤安监〔2015〕185号）	2015年12月	为加强河北省煤矿防治水管理工作，防止和减少水害事故发生，保障职工生命和企业财产安全，根据《中华人民共和国安全生产法》《中华人民共和国矿山安全法》《煤矿安全规程》《煤矿防治水规定》《煤矿地质工作规定》等法律法规、规章标准，结合本省实际，矿井必须牢固树立“主动预防、区域治理”的先进理念，实现煤矿防治水工作由过程治理到源头治理、局部治理到区域治理、井下治理到井上下综合治理、措施防范到工程治理、单一治水到治保结合的转变

（三）水资源税相关政策

2016年5月10日，财政部、国家税务总局联合对外发文《关于全面推进资源税改革的通知》（以下简称《通知》），宣布自2016年7月1日起我国全面推进资源税改革，根据《通知》，我国将开展水资源税改革试点工作，并率先在河北试点，采取水资源费改税方式，将地表水和地下水纳入征税范围，实行从量定额计征，对高耗水行业、超计划用水以及在地下水超采地区取用地下水，适当提高税额标准，正常生产生活用水维持原有负担水平不变。在总结试点经验基础上，财政部、国家税务总局将选择其他地区逐步扩大试点范围，条件成熟后在全国推开。

2017 年 11 月 28 日，财政部、国家税务总局、水利部对外公布《扩大水资源税改革试点实施办法》（以下简称《办法》），决定在河北省率先实施水资源税改革试点的基础上，自 2017 年 12 月 1 日起在北京、天津、山西、内蒙古、河南、山东、四川、陕西、宁夏 9 省（市、区）扩大水资源税改革试点。《办法》中明确规定“水资源税实行从量计征，除水力发电和火力发电贯流式（不含循环式）冷却用水应纳税额的计算公式外应纳税额的计算公式为：应纳税额=实际取用水量×适用税额”，对于矿井水特别提出：“疏干排水的实际取用水量按照排水量确定。疏干排水是指在采矿和工程建设过程中破坏地下水层、发生地下涌水的活动”，并且规定：“纳税人超过水行政主管部门规定的计划（定额）取用水量，在原税额基础上加征 1～3 倍，具体办法由试点省份省级人民政府确定”。

按照以上要求，2017 年 12 月底 9 个扩大试点省（市、区）都相继印发了各自的水资源税改革试点实施办法，本研究选取了内蒙古自治区、陕西省、山西省、宁夏回族自治区等典型省（区）作为研究对象，列举了水资源税的具体内容，详见表 4-3。

表 4-3　典型省（自治区）水资源税内容

省份	文件名称	计征办法	适用税额/(元/m^3)	超计划取用水征收方法
山西	山西省水资源漏税改革试点实施办法（晋政发〔2017〕60 号）	①应纳税额=实际取用水量×适用税额。疏干排水的实际取用水量按照排水量确定； ②未按规定安装取用水计量设施或者计量设施不能准确计量取用水量的，按照吨矿产品排水 2.48m^3 折算排水量，在开采环节由主管税务机关依此计征水资源税	回用 1.0， 外排 1.2	超出 20%（含）以下的，超出部分按照 2 倍征收；超出 20%～40%（含）的，超出部分按 2.5 倍征收；超出 40%以上的，超出部分按 3 倍征收
陕西	陕西省水资源税改革试点实施办法（陕政发〔2017〕61 号）	①应纳税额=实际取用水量×适用税额。疏干排水的实际取用水量按照排水量确定； ②未按规定安装取用水计量设施或者计量设施不准确，且水行政主管部门无法核定最大取排水量的或者核定最大取排水量不准确的，按照吨煤取排水 2m^3 核定	关中陕北： 回用 0.40， 外排 0.50 陕南： 回用 0.35， 外排 0.40	对取用水量超过计划 20%（含）以下的，超过部分按水资源税税额标准的 2 倍征收；对取用水量超过计划 20%～40%（含）的，超过部分按水资源税税额标准的 3 倍征收；对取用水量超过计划 40%以上的，超过部分按水资源税税额标准的 4 倍征收
内蒙古	内蒙古自治区水资源税改革试点实施办法（内政发〔2017〕157 号）	应纳税额=实际取用水量×适用税额。采矿疏干排水的实际取用水量，按照排水量确定	回用 2.0， 外排 5.0	超出计划或者定额 20%（含）以下的水量部分，在原税额标准基础上加 1 倍征收；超出计划或者定额 20%至 40%（含）的水量部分，在原税额标准基础上加 2 倍征收；超出计划或者定额 40%以上的水量部分，在原税额标准基础上加 3 倍征收

续表

省份	文件名称	计征办法	适用税额/(元/m^3)	超计划取用水征收方法
宁夏	宁夏回族自治区水资源税改革试点实施办法(宁政办发〔2017〕217号)	应纳税额=实际取用水量×适用税额。疏干排水按照排水量计征水资源税。回收利用疏干排水按0.05元/m^3计征水资源税；疏干排水直接外排视同取用地下水，按地下水分类标准计征水资源税	回用0.05 外排按地下水分类标准计征	对纳税人超计划(定额)取用水累进收取水资源税。超出计划(定额)20%以下部分，在规定税额标准基础上加1倍计征；超出计划(定额)20%(含20%)不足40%部分，在规定税额标准基础上加2倍计征；超出计划(定额)40%及以上部分，在规定税额标准基础上加3倍计征
山东	山东省水资源税改革试点实施办法(鲁政发〔2017〕42号)	水资源税实行从量计征，除水力发电和火力发电贯流式(不含循环式)的情形外，应纳税额的计算公式为：应纳税额=实际取用水量×适用税额； 城镇公共供水企业实际取用水量=实际取水量×(1–合理损耗率) 疏干排水的实际取用水量按照排水量确定	回用1.0， 外排2.0	超计划(定额)10%以内(含)部分，按水资源税税额标准的2倍征收；超计划(定额)10%～30%(含)部分，按水资源税税额标准的2.5倍征收；超计划(定额)30%以上部分，按水资源税税额标准的3倍征收
河南	河南省水资源税改革试点实施办法(豫政〔2017〕44号)	水资源税实行从量计证。除水力发电和火力发电贯流式(不含循环式)的情形外，应纳税额的计算公式为：应纳税额=实际取用水量×适用税额； 城镇公共供水企业的实际取用水量按照销售水量确定； 疏干排水的实际取用水量按照排水量确定	省辖市：回0.4； 县市：回用0.3。 疏干排水直接外排视同取用地下水，按地下水分类标准计征	对取用水量超过计划20%(含)以下的，超过部分按水资源税税额标准的2倍征收；对取用水量超过计划20%至40%(含)的，超过部分按水资源税税额标准的2.5倍征收；对取用水量超过计划40%以上的，超过部分按水资源税税额标准的3倍征收；未经批准擅自取用水或未依法取得年度取用水计划的，按水资源税税额标准的3倍征收
河北	河北省水资源税改革试点实施办法(冀政发〔2016〕34号)	水资源税实行从量计证。应纳税额计算公式：应纳税额=适用税额标准×实际取用水量； 城镇公共供水企业实际取用水量=实际取水量×(1–合理损耗率) 各市(含定州、辛集市)合理损耗率为17%，县级城市及以下合理损耗率为15%	设区的市：回用0.6，外排再利用(农业灌溉等)1.0，直接外排2.0。县级城市及以下：回用0.3，外排再利用0.7，直接外排1.4	对取用水量超过计划20%(含)以下的，超过部分按水资源税税额标准的2倍征收；对取用水量超过计划20%至40%(含)的，超过部分按水资源税税额标准的2.5倍征收；对取用水量超过计划40%以上的，超过部分按水资源税税额标准的3倍征收

(四)矿井水利用及排放相关标准

1. 矿井水利用相关标准

煤矿矿井水经处理后可作为生活用水、工业用水、农业用水、城市杂用水和景观环境用水等，根据不同的利用方式，矿井水有不同的利用标准。在《煤矿矿井水利用技术导则》(GB/T 31392—2015)中对煤矿矿井水的各种利用方式的对应标准进行了规定，详见表 4-4。

表 4-4　煤矿矿井水利用相关标准

矿井水利用类型	具体利用途径	利用标准
生活用水	生活饮用水	《生活饮用水卫生标准》(GB 5749—2006)
	成产矿泉水	《饮用天然矿泉水》(GB 8537—2018)
工业用水	选煤厂补充水	《煤炭洗选工程设计规范》(GB 50359—2016)
	井下防尘、消防洒水	《煤炭工业矿井设计规范》(GB 50215—2015)
	井下配置乳化液	《液压支架(柱)用乳化油、浓缩物及其高含水液压液》(MT 76—2011)
	工业锅炉用水	《工业锅炉水质》(GB/T l576—2018)
	热能能源利用	《城镇污水热泵热能利用水质》(CJ/T 337—2010)
	其他工业用水	《城市污水再生利用工业用水水质》(GB/T l9923—2005)
农业用水	农业灌溉用水	《城市污水再生利用农田灌溉用水水质》(GB 20922—2007)
	养殖业用水	《无公害食品 水产养殖用水水质》(NY 5051—2001)
城市杂用水	城市杂用水	《城市污水再生利用城市杂用水质》(GB/T 18920—2020)
生态景观用水	景观娱乐用水	《城市污水再生利用景观环境用水水质》(GB/T 18921—2019)

2. 矿井水排放相关标准

矿井水外排目前主要有两个标准：一是《煤炭工业污染物排放标准》(GB 20426—2006)；二是《地表水环境质量标准》(GB 3838—2002)Ⅲ类。

《煤炭工业污染物排放标准》(GB 20426—2006)规定了采煤废水和选煤废水污染物排放限值，目前绝大多数矿井水处理站都是按照《煤炭工业污染物排放标准》(GB 3838—2002)设计建造的。该标准中，对矿井水的 pH、总悬浮物、COD、石油类、总铁、总锰六项污染物定了最高排放浓度，具体见表 4-5。

由于污水处理厂出水直接影响水环境质量，随着《水污染防治行动计划》(水十条)的深入开展，内蒙古、陕西、山西等西部煤炭主产区近年来都要求煤炭企业将矿井水外排标准由《煤炭工业污染物排放标准》(GB 20426—2006)提高到《地表水环境质量标准》(GB 3838—2002)Ⅲ类标准。《地表水环境质量标准》(GB 3838—2002)对基本水质项目规定了标准限值，具体见表 4-5。

表 4-5　煤矿矿井水污染物排放主要限值

序号	污染物 (pH 除外)/(mg/L)	《煤炭工业污染物排放标准》 (GB 20426—2006)	《地表水环境质量标准》 (GB 3838—2002)Ⅲ类
1	pH	6～9	6～9
2	总悬浮物	50	—
3	COD	50	20
4	石油类	5	0.05
5	总铁	6	0.3
6	总锰	4	0.1
7	溶解氧	—	5
8	高锰酸盐指数	—	6
9	五日生化需氧量(BOD_5)	—	4
10	氨氮(NH_3—N)	—	1.0
11	总磷(以 P 计)	—	0.2
12	总氮(以 N 计)	—	1.0
13	铜	—	1.0
14	锌	—	1.0
15	氟化物 (以 F^- 计)	—	1.0
16	硒	—	0.01
17	砷	—	0.05
18	汞	—	0.0001
19	镉	—	0.005
20	铬(六价)	—	0.05
21	铅	—	0.05
22	氰化物	—	0.2
23	挥发酚	—	0.005
24	阴离子表面活性剂	—	0.2
25	硫化物	—	0.2

由表 4-5 可以看出，《地表水环境质量标准》(GB 3838—2002)的基本水质项目有 24 项，远远多于《煤炭工业污染物排放标准》(GB 20426—2006)的 6 项，且在共有水质项目中，《地表水环境质量标准》(GB 3838—2002)Ⅲ类的标准限值都要严格于《煤炭工业污染物排放标准》(GB 20426—2006)。《地表水环境质量

标准》(GB 3838—2002)Ⅲ类标准相对于《煤炭工业污染物排放标准》(GB 20426—2006)大幅提高了矿井水外排水质标准，但大多数煤矿矿井水处理站是按照《煤炭工业污染物排放标准》(GB 20426—2006)建造的，因此需要大幅度的提标改造才能满足新的标准要求，同时矿井水的处理成本也会大幅提高。

二、我国煤矿矿井水利用现状

(一)我国煤矿矿井水资源利用概况

根据《矿井水处理与资源化的理论与实践》中的研究数据，2005 年全国煤矿矿井水资源量为 42 亿 m^3，矿井水利用量约为 11 亿 m^3，平均利用率为 26.2%。

2018～2019 年，本书共计调研与收集了全国 11 个省、自治区的近 300 座煤矿的矿井水利用数据，通过数据甄别与统计分析，得出 2018 年全国煤矿矿井水平均利用率约为 35.0%。2005 年与 2018 年煤矿矿井水利用情况对比见表 4-6。

表 4-6 2005 年与 2018 年我国煤矿矿井水利用情况

年份	矿井水产生总量/亿 m^3	矿井水利用总量/亿 m^3	利用率/%
2005	42.0	11	26.2
2018	68.8	24.1	35.0

2018 年与 2005 年相比，矿井水产生总量由约 42 亿 m^3 提高到 68.8 亿 m^3，同时矿井水平均利用率由 26.2%提高到 35.0%。

分区域利用率来看，我国矿井水利用率具有以下特点：缺水矿区的利用率要高于不缺水矿区；矿井水水质好的矿区的利用率高于水质差的矿区；矿区附近配套产业密集度高的利用率高于矿区配套产业密集度低的矿区；国有大型煤矿的利用率高于地方中小煤矿；地方监管力度强的矿区高于监管松的矿区；具有良好规划的新矿区高于规划落后的老矿区。2018 年我国典型矿区/区域的矿井水利用率见图 4-1。

根据中国煤炭工业协会发布的统计数据，2017 年我国煤矿矿井水利用率为 72%。该利用率远高于本研究统计得到的 35%的利用率，通过大量的现场调研和分析，出现数据差距的原因是数据统计没有统一规范，利用率非强制性考核指标，难以进行细致的监督检查。

(二)我国煤矿矿井水典型利用方式

1. 煤矿自身利用

大多数煤矿矿井水排出后，最常见的利用方式是经本矿处理站处理后，首先

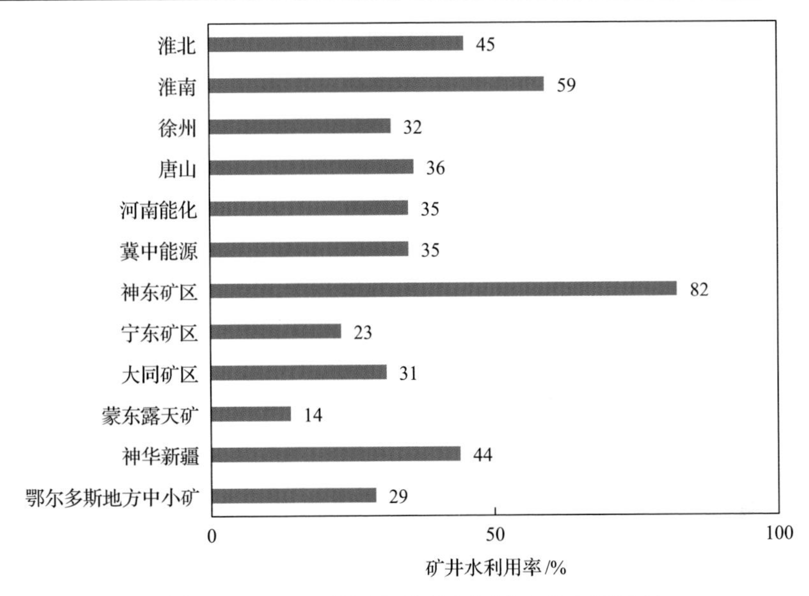

图 4-1　2018 年我国典型矿区/区域矿井水利用率

保障煤矿自身利用，包括生产自用水(井下防尘洒水、设备冷却水、消防用水、灌浆用水、地面浇洒水及洗煤用水等)，生活自用水(矿井工业广场、洗煤厂、配套生活区的一般生活用水等)和绿化自用水(煤矿工业广场绿化、配套道路绿化等)。煤矿自身利用矿井水常见方式见图 4-2。

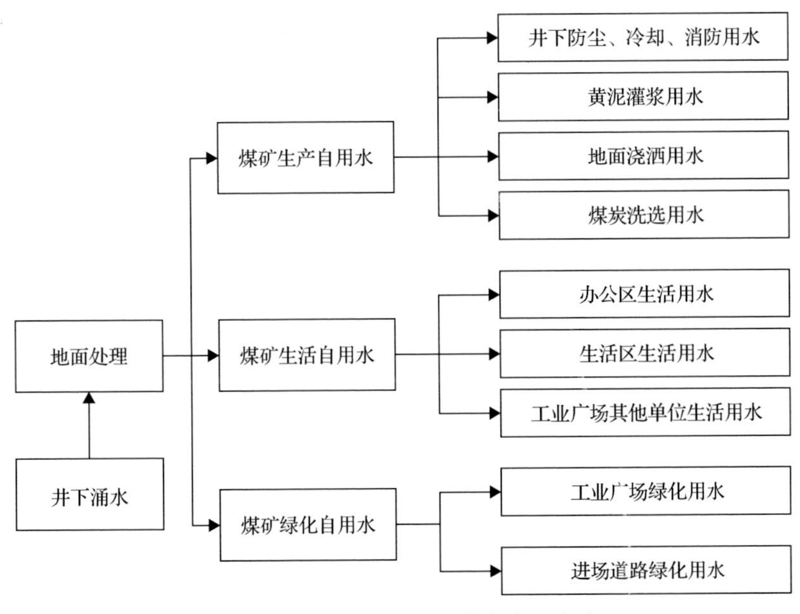

图 4-2　煤矿自身利用矿井水常见方式

2. 输送给配套产业利用

近年来，随着煤矿配套的电厂、煤化工等项目的增多，水资源紧张形势加剧，越来越多的矿井水被用来补充配套项目的用水缺口。

1）供给煤化工、电厂

金鸡滩煤矿位于陕西省榆林市榆阳区境内，距榆林市 30km，由兖矿集团有限公司投资建设并运营，生产能力 1500 万 t/a。金鸡滩矿井水处理站采用重介速沉+V型滤池处理工艺，处理能力为 1600m^3/h，处理后水质指标达到《地表水环境质量标准》（GB 3838—2002）Ⅲ类标准的要求。目前金鸡滩矿井水产生量为 18000m^3/d，处理后约 4800m^3/d 回用于井下消防洒水和矿井生产，剩余 13200m^3/d 的矿井水通过输水管线输送到兖州煤业榆林能化有限公司甲醇厂，作为甲醇厂的生产用水，金鸡滩矿矿井水利用率为 100%。

图克工业项目区位于鄂尔多斯市乌审旗图克镇，是鄂尔多斯市规划的重点工业园区之一，其产业定位是煤基能源产业和基础化学品生产基地。

中煤集团在图克工业项目区投资设立了中煤鄂尔多斯能源化工有限公司和中天合创能源有限责任公司（以下简称中天合创），建设了具有合成氨 100 万 t/a、尿素 175 万 t/a、甲醇 360 万 t/a、烯烃 137 万 t/a 生产能力的化工厂 2 座，以及葫芦素矿、门克庆矿和母杜柴登矿三座煤矿。化工项目设计从巴图湾水库或黄河引水，水费达到 10 元/m^3 以上。图克工业园区及附近无纳污水体，富裕矿井水无外排渠道，为了解决矿井水利用问题，建设了中煤大化肥疏干水综合利用工程和中天合创疏干水综合利用工程，见图 4-3。

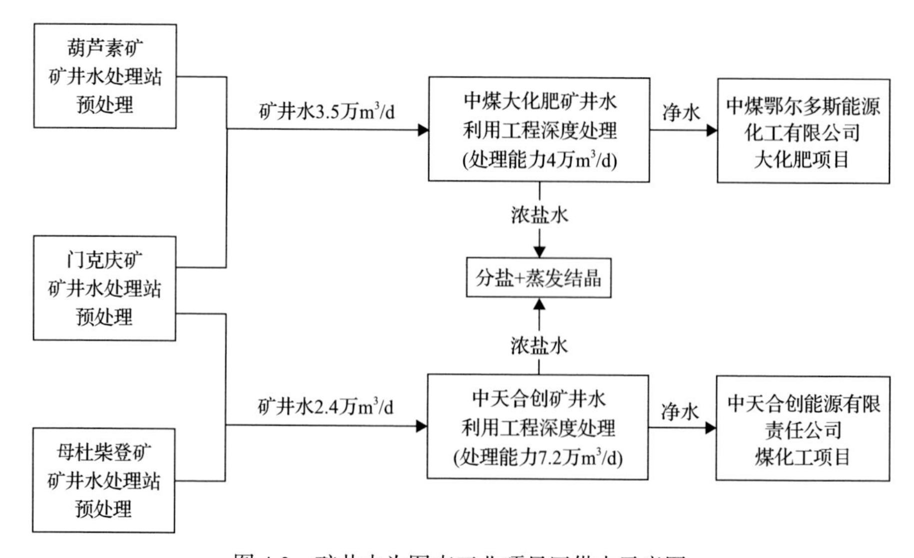

图 4-3　矿井水为图克工业项目区供水示意图

中煤大化肥疏干水综合利用工程处理能力4万m^3/d，近一年矿井水收集量1277万m^3，主要收集母杜柴登煤矿和门克庆煤矿矿井水，供图克工业园区中煤集团合成氨、尿素等工业项目用水。

中天合创疏干水综合利用工程处理能力7.2万m^3/d，近一年矿井水收集量865万m^3，主要收集门克庆煤矿和葫芦素煤矿多余矿井水，用于中天合创化工项目用水。

这两个矿井水综合利用工程的建设，不仅解决了母杜柴登、门克庆和葫芦素矿的富余矿井水利用的问题，避免了矿井水外排，还替代了化工项目本来的黄河水源，既保护了珍贵的黄河水资源，又降低了企业用水成本。

小纪汗煤矿为国家规划的"陕北侏罗纪煤田榆横矿区(北区)"第一个千万吨级现代化矿井，地处榆林市城西12km，位于陕西省榆林市榆阳区小纪汗镇，由华电煤业集团有限公司和榆林矿业集团有限公司共同出资组建，设计生产能力10Mt/a。小纪汗矿目前矿井水产生量为20960m^3/d，经过矿井水处理站处理后，有7015m^3/d用于矿井及选煤厂生产、生活使用，剩余13945m^3/d规划利用输水管道送至榆横电厂使用。目前输水管道已经投资建设完成，正在与市水务集团进行协调，即将投运。目前临时将多余的矿井水排至其工业场地南约3km的一个排水池内。

2）多矿统一处理，分散利用

上海庙矿区位于鄂尔多斯市鄂托克前旗境内，距宁夏省会银川市38km。2013年，国家发展和改革委员会以发改能源〔2013〕350号文对《内蒙古上海庙矿区总体规划(修编)》予以批复。根据规划内容，上海庙矿区总面积1154km^2，共规划14个矿井，总建设规模为6160万t/a。

上海庙矿区的长城一矿(300万t/a)、长城二矿(400万t/a)、长城三矿(500万t/a)、长城五矿(180万t/a)和长城六矿(180万t/a)五座矿井全部由新汶矿业集团有限责任公司投资建设。

长城一矿、长城二矿、长城三矿、长城五矿和长城六矿矿井水量分别为4800m^3/d、5760m^3/d、436m^3/d、6000m^3/d和9264m^3/d。这五座煤矿都建有独立的矿井水处理站，都是采用"絮凝—沉淀—过滤—消毒"处理矿井水，各矿对矿井水进行处理后回用于矿井自身的生产和生活用水之后，分别剩余3360m^3/d、4032m^3/d、3845m^3/d、4190m^3/d和6485m^3/d的矿井水。上海庙矿区矿井水矿化度普遍超出1000mg/L，甚至高达10000mg/L，严重影响了剩余矿井水的利用，因此新汶矿业集团在上海庙矿区建设了中心水处理厂，用来统一对长城一矿、长城二矿、长城三矿、长城五矿和长城六矿的剩余矿井水进行深度处理。中心水处理厂设计处理总规模为1000m^3/h(24000m^3/d)，处理工艺为：多介质过滤+活性炭过滤器+反渗透。经深度处理后的矿井水量为 19502m^3/d，全部回用于各矿井生活和生产用水，剩余用于焦化厂生产用水(需水量 13949m^3/d)，不外排。浓盐水产生量为 2410.3m^3/d，全部用于中心选煤厂生产用水和煤矿黄泥灌浆，不外排。矿井水利用情况见图 4-4。

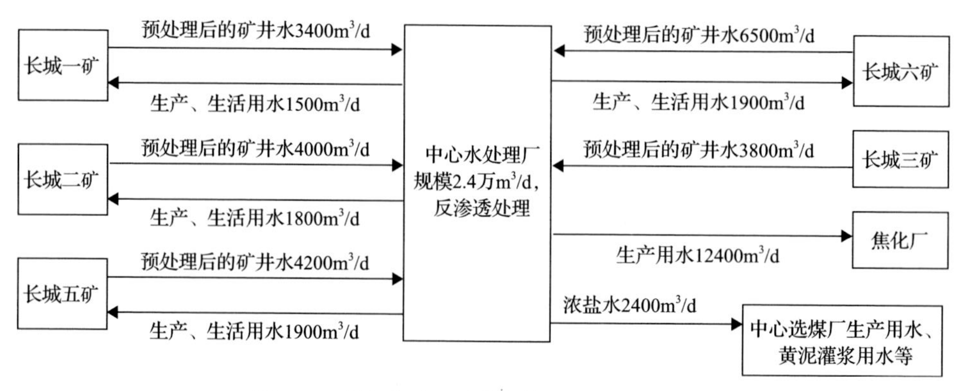

图 4-4　上海庙矿区矿井水统一处理利用情况

3. 专业化水务公司大区域调配利用

鄂尔多斯市伊金霍洛旗煤矿较多、位置分散、矿井水量大小不一，为矿井水的利用带来了很大的困难。近年来，通过不断的探索和实践，伊金霍洛旗走出了一条由专业化水务公司统一大区域综合调配与运营的矿井水利用新路径，为其他地区提供了可供借鉴的案例。

根据《伊金霍洛旗人民政府会议纪要》〔69〕号会议精神，由伊金霍洛旗煤炭局牵头，各煤矿与鄂尔多斯市圣圆水务有限责任公司合资成立了鄂尔多斯市碧清源环保科技有限责任公司，专业化建设运营伊金霍洛旗疏干水综合利用环境整治示范项目。

伊金霍洛旗疏干水综合利用环境整治示范项目主要利用伊旗东部安源煤矿等 11 座煤矿达到排放水标准的矿井水为江苏工业园区、圣圆汇能项目区、圣圆乌兰木伦项目区、国电电厂提供生产用水，同时为阿镇提供生态补水，并沿途向阿大公路、巴苏公路、包府公路、边贾公路以及煤炭物流园区提供绿化用水，最终汇入伊金霍洛旗西部的东、西红海子，恢复西部地区生态系统。

伊金霍洛旗疏干水综合利用环境整治示范项目工程总投资约 4.4 亿元，主要包括全长 113km 的矿井水主管网工程、各煤矿至矿井水主管网的管网工程，以及总计 94.84km 的绿化除尘工程。项目收集与利用各矿矿井水情况见图 4-5。

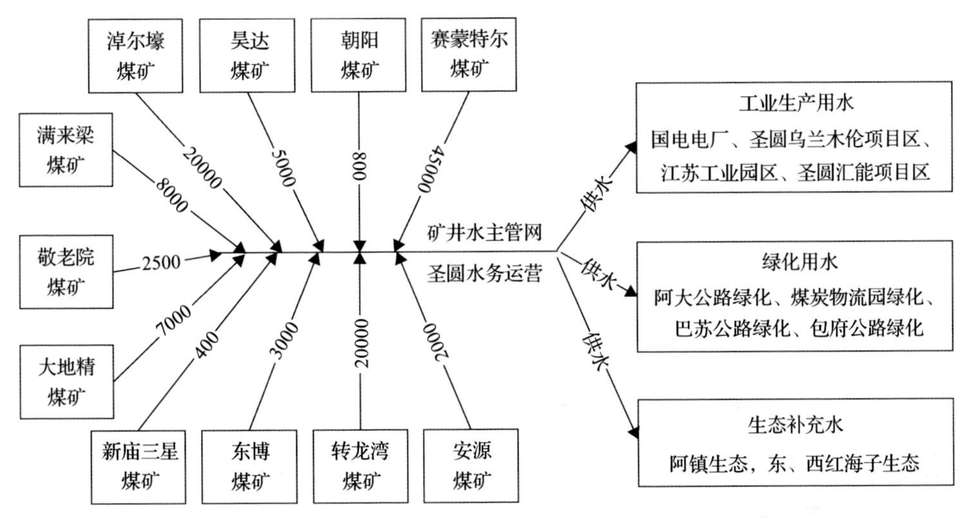

图 4-5　伊金霍洛旗矿井水综合利用项目示意图(单位：m^3/d)

4. 生态用水

近年来，越来越多的煤矿将矿井水进行生态利用，一般是将矿井水作为生态修复浇灌用水、塌陷区回灌补水、湿地公园、水源涵养林用水和生态景观用水。例如陕西的隆德煤矿、袁大滩煤矿和内蒙古的塔然高勒煤矿等，在矿井水生态利用方面都取得了一定的生态效果。尤其是神东矿区，作为大型煤炭生产基地，在矿井水生态利用方面取得了举世瞩目的成绩。

神东矿区地处毛乌素沙地与黄土高原过渡地带，干旱少雨，原生植被种类单调，平均植被覆盖率仅 3%～11%，风蚀区面积占总面积的 70%，生态环境十分脆弱，是全国水土流失重点监督区与治理区，神东矿区开发初期生态环境状况见图 4-6。历史上年均降水量仅 300～400mm，而年蒸发量却高达 2000～2500mm，矿区蒸发量是降水量的 6 倍以上，水资源弥足珍贵。但矿区建设初期，由于缺乏有效的矿井水处理利用技术，矿井水只能排掉。

面对大规模煤炭开采与脆弱生态环境的突出矛盾，多年来，神东集团不断创新探索，破解了煤炭开采与生态环境保护这一难题，形成了煤炭绿色开采的理论和技术体系，引领和带动了煤炭产业的绿色发展。不仅没有因大规模开发造成环境破坏，而且使原有脆弱生态环境实现正向演替，走出了一条煤炭开采与生态环境协调治理的主动型绿色发展之路。而其中最重要的技术进步，就是利用煤矿地下水库等先进技术对矿井水进行高效处理，并大规模地应用于矿区生态保护与恢复，使得矿井水利用率得到提高。

目前，神东集团每年利用 1500 多万立方米矿井水用于生态恢复，累计生态治理面积达 330km^2。植物群落以油蒿为主的草本群落演替为以沙棘为主的灌草群落；植物物种由原来的 16 种增加到近 100 种，微生物和动物种群也大幅增加；植被覆盖率由开发初的 3%～11%提高到 64%以上，神东矿区充分利用矿井水进行生态修复，改善了降雨量少且年内年际不均匀的现象，逆转了原有脆弱生态环境退化方向；现状如图 4-7 所示，其中，大柳塔煤矿沉陷区生态治理于 2017 年被水利部命名为国家水土保持科技示范园，是全国唯一的采煤沉陷区科技示范园。神东哈拉沟生态示范基地创新“山水林田湖草”生态治理新模式，具有积极的科研科普和示范引领作用。该公司荣获 20 多项国家级环境奖，2006 年荣获国家环境领域最高奖——第三届“中华环境奖”；荣获国家“社会责任绿色环保奖”，获得环保类国家科技进步二等奖 4 项；2018 年获“能源绿色成就奖”。

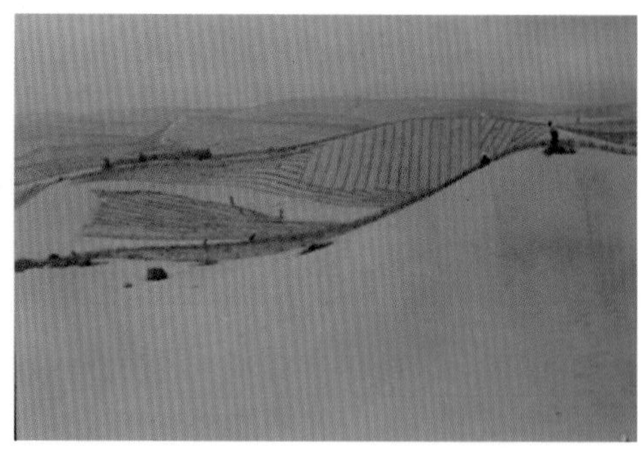

图 4-6　神东矿区开发初期生态环境状况

图 4-7　神东矿区充分利用矿井水进行生态修复后的现状

三、我国金属矿矿井水利用概况

(一)金属矿矿井水资源利用概况

通过现场调研和问卷调查等方法，对安徽省、湖北省、云南省、江西省、河北省、辽宁省、吉林省和内蒙古自治区共计 18 个金属矿(铁矿 8 个，有色矿 10 个)矿井水产生与利用量进行统计，可知铁矿矿井水总利用率为 66.58%，有色矿矿井水总利用率为 67.46%，8 个铁矿矿井水平均利用率为 63.18%，10 个有色矿矿井水平均利用率为 87.21%，汇总结果如表 4-7 所示，综合考虑富水和缺水矿山以及金属矿的代表性，综合调研的所有金属矿矿井水利用率估算获得 2018 年全国金属矿矿井水平均利用率为 76.53%。

表 4-7　2018 年调研金属矿矿井水利用情况

矿种	矿井涌水总量/万 m^3	矿井水利用总量/万 m^3	总利用率/%	平均利用率/%
铁矿	2560.48	1704.64	66.58	63.18
有色矿	1578.33	1064.81	67.46	87.21

《冶金行业绿色矿山建设规范》(DZ/T 0319—2018)中明确指出“矿井水利用率应根据不同水资源赋存条件确定：水资源短缺矿区应达到 95%，一般水资源矿区应不低于 90%，水资源丰富矿区应不低于 80%，水质复杂矿区应不低于 70%；大水矿山用不完部分应达标排放”。如图 4-8 所示，分区域利用率来看，水资源丰富的区域有安徽、湖北、云南和江西，这些区域的矿井水利用率分别为 68.07%、79.17%、100%、14.29%；水资源一般的区域有河北、辽宁和吉林，这些区域的矿

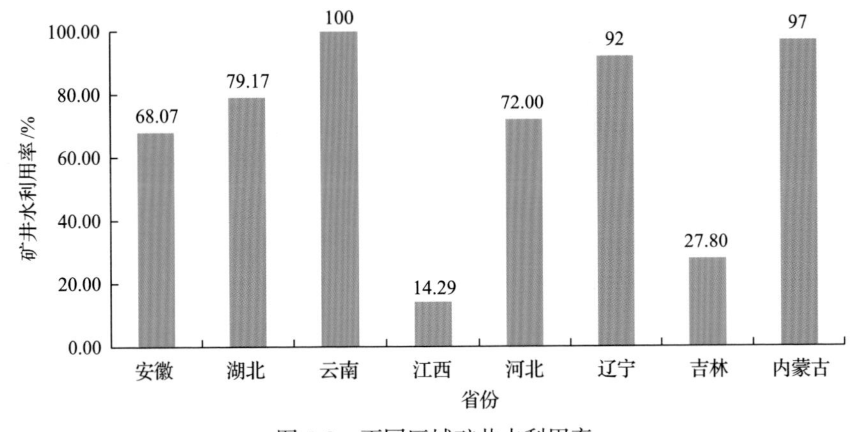

图 4-8　不同区域矿井水利用率

井水利用率分别为72%、92%、27.8%；水资源短缺区域有内蒙古，该区域的矿井水利用率为97%。因此，水资源丰富的区域未达到《冶金行业绿色矿山建设规范》(DZ/T 0319—2018)要求的有安徽、湖北、江西；一般水资源区域未达标的有河北和吉林。由于不达标区域比例较多，所以，矿井水利用率急需整体提升，并且金属矿山需在全局上统一规划和部署对开采过程中矿井水水资源的综合利用，减少外排水量，逐步实现少排放或零排放，不断促使金属矿山达到更好的节水目标，能够大幅减少水资源流失、避免水环境污染、缓解水资源短缺，最终实现矿区水资源的持续开发利用。

(二)金属矿矿井水典型利用方式

1. 生产用水

采掘行业对生产用水水质要求普遍不高，混凝沉淀后的精矿回水和自然净化后的尾矿库回水均能满足矿山生产工艺用水水质要求，生产所用回水大部分是精矿、尾矿经浓缩后产生的溢流水，少部分是经澄清处理后的设备冷却回水。同时，选矿废水厂内少量混凝回用和尾矿库自然净化回用可以控制废水因全部厂内多次重复使用造成水质恶化的情况。例如：①山西尖山铁矿对矿井回水进行了重复利用，发现回收的矿井废水在生产中对设备及工艺指标调节影响较小，并对各采矿工艺流程中的废水用水进行回水置换改造，提高了废水利用率，降低了新水需求；②山东济钢张马屯铁矿将矿井水再用于济钢集团生产用水，包括转换炼钢系统、精炼、选铸系统、高炉净环水系统及发电的循环系统；③山东河东金矿由于地下水位下降，区域干旱少雨，每年都需要在取水上投入大量资金，在将采矿废水净化和沉淀后，可以重新投入到生产中去。每年可节省取水成本 300 多万元；④湖北大冶铜绿山矿对矿区给水系统进行优化改造，优先回用精矿溢流水和尾矿库污水，并适当利用涌水补充耗损水量，可以满足矿山生产各用水单元对水量的要求。

2. 生活用水

国内的金属矿矿区规模均较大，除了采选矿用水以及生产用水，矿区生活用水量也十分巨大。矿区的生活用水来源一般有两个途径：一是异地运水；二是就地取水。异地运水往往效率低下且耗资巨大，而就地取水如果过量，会造成地下水位下降、土地塌陷等灾害。如果对矿井水进行重复利用，达到外排标准或者经过脱盐处理后的矿井水即可作为生活用水，结合新型的热能转化系统，还可作为矿区热能供给以及空调制冷能源等。例如：①新疆鄯善县帕尔岗铁矿矿区地下水中，东北部浅层承压水水质良好，适用于生活用水。西北部地段，深层承压水为较差水，适当处理后可作为生活饮用水。东北部深层承压水为极差水，深度处理后可作为生活饮用水。区内中部地段和东南部地段，深层承压水为良好水，适用于各种用途。②河北司家营铁矿在建设和生产过程中产生了大量矿井水，该类矿井水直接排出地表易造成水资源浪费。该铁矿利用水源热泵系统取代传统的燃煤锅炉系统和中央空调为矿山供暖、制冷。③河北杏山铁矿引进了意大利克莱门特公司的水源热泵机组，利用地采井下外排水为水源，解决了杏山铁矿生产生活系统冬季供暖、夏季制冷以及职工洗浴问题。④辽宁陈台沟铁矿将用除砂器处理过的矿井水排入换热系统，将得到的矿井水热能用于生活中的热能供给。⑤山东济钢张马屯铁矿将经处理后的矿井排水优先用于济钢集团有限公司的生活用水，包括小区居民用水、厂区职工生活用水、生产加工洗浴用水及厂区道路清洁、绿化用水。⑥山东济钢集团有限公司总厂区采用消毒+多介质过滤器过滤+自清洗管道过滤器+超滤+消毒的水处理工艺，将矿井水处理成达标的生活饮用水，供应公司生产区和济钢新村生活区使用。⑦辽宁阜蒙县铁矿针对矿区周边居民基本用水困难问题，采用净化措施，承担居民基本用水。通过过滤、消毒和沉淀等措施达到基本用水标准。根据用途不同，采用的方法不同，处理后的矿井水分别用于居民生活饮用水、农田灌溉水。⑧山东归来庄金矿是一座集采、选、冶于一体的大型黄金矿山，其水系发达，开采涌水量较大。经水资源管理部门检验水质达到饮用水标准，公司一直利用矿井排水作为本公司及周围村庄的生产、生活用水。由于水温、水质符合水源热泵的应用条件，矿山决定在矿区实施地源热泵工程，在冬季能够对矿区进行供暖，在夏季能够作为空调系统的能量来源。

3. 生态用水

当矿井涌水较大，除满足现有工程用水外，若有较大盈余，多余的矿井涌水经过净化处理后可用于复垦绿化养护、美化矿区环境等。矿井水利用将减少地表水资源的消耗，提高水资源的利用率，并对未来恢复水体的生物生态圈的良性循环有巨大的推动作用。控制其对水环境质量产生直接影响，从而会使水体被破坏的生态系统和功能得到一定的修复。复用矿井水解决了水资源再利用问题，保护了地下水资源。矿井水综合处理用于环境保护后显著改善了生态环境。

4. 工业用水

当矿区自身无法回用全部矿井水时，可以考虑将矿井水深度处理后作为周边企业生产生活用水。根据企业水平获知各用水单元对水质、水量的要求，在考虑最大限度提高企业水重复利用率，实现水资源高效利用和源头削减排污量的原则下，以一般矿物下游产业项目，包括电厂、供热公司等工业项目为目标，为相关项目提供用水，提升矿井水的重复利用率，带动矿区工业发展，提升矿区周边工业能力。例如：①新疆鄯善县帕尔岗铁矿，矿区地下水中，西北部地段，深层承压水为较差水，适用于农业和部分工业用水，东北部深层承压水为极差水，适用于农业和部分工业用水。②辽宁贾家堡铁矿通过结合季节降水规律、布置排水系统，借用生产水泵站吸水池、生产水高位配水池及其排水管道等蓄水设施，收集采场积水供工业用水使用。③辽宁阜蒙县铁矿采用净化措施，通过过滤、消毒和沉淀等措施将矿井水达到基本用水标准，将矿井水用于热电供应。

5. 其他用水

人工湿地处理技术是将自然生态与人工处理结合的一种新型的水处理技术，以天然的环境和自净能力为主，结合人工的一些改造和水处理技术的应用来处理污水。在选择人工湿地处理矿井水时，湿地系统具有黏土、砾石等，对矿井水中溶解性的金属、悬浮物具有一定的净化效果。在构建人工湿地时，会利用一些耐受性较好的植物来增加湿地生物净化功能，主要有香蒲、灯芯草、宽叶香蒲等。该处理技术工艺简单、处理费用较低，而且维护管理方便；但缺点是占地面积较大，处理速度慢，停留时间长，而且受自然环境影响较大。随着人工湿地技术的深入研究，环境保护的要求不断增加，人工湿地处理矿井水的优势逐渐突出，未来的应用将会越来越多，作用越来越大。随着人工湿地技术的逐渐成熟和应用，在矿区充分利用人工湿地来净化矿井水也成了新的发展趋势。例如：中国地质大学相关研究人员发现，通过人工湿地，利用自然生态系统中的物理、化学和生物的三重协同作用可以实现对污水的净化作用。

矿井水可以应用到矿井娱乐设施，如喷泉、游泳池等，这些娱乐设施要用到大量的水，矿井水经处理后水质较好，是这些休闲娱乐用水的理想水源。处理后的矿井水还可以作为农业灌溉用水，并入城市供水系统以及回充地表水系等。

6. 矿山城市典型矿井水利用案例

1) 案例 1：中关铁矿

河北钢铁集团沙河中关铁矿有限公司位于河北省沙河市白塔镇中关村附近，中关铁矿位于缺水严重的邯邢地区，生产中排出的大量矿井水是十分宝贵的资源，河钢集团矿业公司高度重视中关铁矿的矿井水回收处理和循环利用等工作，力争实现中关铁矿水资源的循环利用和零排放，把中关铁矿建设成“节约型和环境友好型的现代化绿色矿山企业”。主要措施如下：

(1) 水源热泵对矿井水中热能利用。

中关铁矿井口防冻和日常生产等方面都需要大量的热能，矿井水常年维持在18℃左右，具有大量低品位热能，存在利用的可行性，如图 4-9 所示，采用了涡旋热泵技术回收矿井排水低温热能，解决了矿区建筑冬季采暖、夏季空调、副井井口防冻及全年洗浴热水问题，代替了锅炉和中央空调，减少了现场操作人员，实现了降低成本和节能减排的目的。

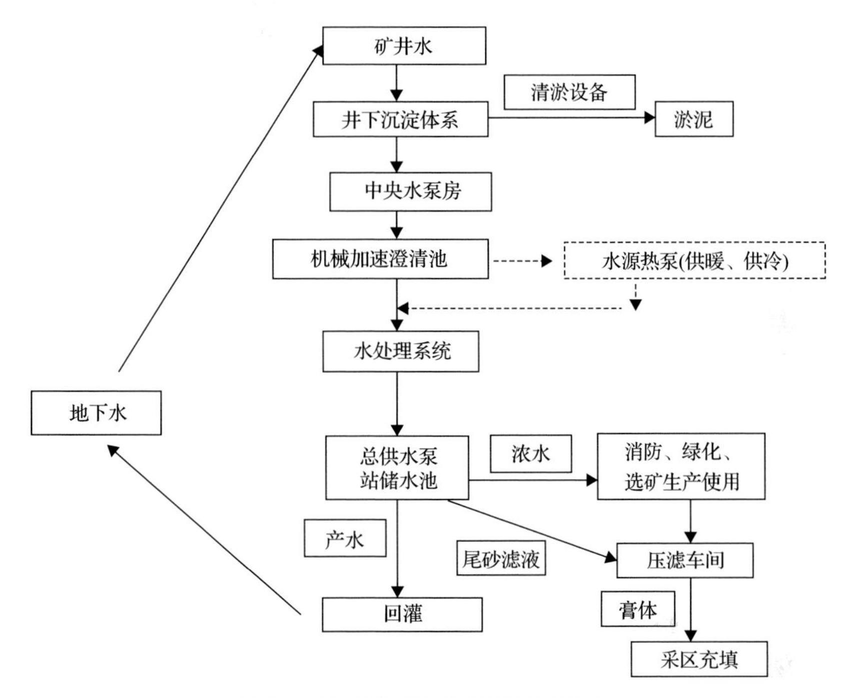

图 4-9　中关铁矿矿井水利用工艺流程

(2)矿井水的无害化处理和回灌。

经过水源热泵系统后的矿井水进入水处理系统，该工艺需要通过一系列的物理、化学作用，对矿井水进一步的净化，矿井水净化产物共有两种：一种是完全符合国家饮用水标准的产水，这部分水进入产水池，小部分供矿区生产生活用水，剩余部分通过回灌井回灌入帷幕外的地下水系中，补给地下水资源，实现水资源的零排放；另外一种离子浓度较高的水称为浓水，为了降低浓水再处理费用，根据生产工艺特点将浓水输送至总供水泵站环水池和消防新水池等供生产使用。

(3)生产用水的闭环管理。

水处理车间产水一部分供厂区绿化、消防、洒水抑尘等过程使用，其余部分进入供水泵站环水池补充生产工艺中消耗的水：这些水通过环水泵进入选厂的生产系统，经过一系列选矿生产工艺最后进入浓缩池，再通过渣浆泵和尾砂一起进入压滤车间，经过压滤机实现固体和液体的分离，其中尾矿过滤液再次进入环水池，实现生产工艺内水的闭环管理。

中关铁矿矿井水综合利用给其他矿山做出了矿井水资源化利用的很好案例，

结合中关铁矿的特点积极探索各类解决问题的途径，解决了困扰中关铁矿生产建设的一系列问题，催生了一批重要技术成果，例如，《带隔墙的矿山沉淀池》、《矿用大型水泵吸收口防护装置》、《矿山巷道沉淀体系》3项专利并获得国家知识产权局的授权；“提高井下水仓利用率”质量管理成果获得“2017年度河北省冶金系统优秀管理成果一等奖”；“大水矿山排水系统优化及淤泥综合治理研究与实践”科技成果获得“河钢集团矿业公司科学技术奖二等奖”。

2）案例2：姑山铁矿

马钢姑山铁矿位于我国南方，是典型大水矿山，地表水和地下水十分丰富，且通过天然的孔隙、裂隙及断层以滴水、淋水、涌水和突然涌水等方式流入露天矿坑和地下巷道或工作面中，形成的矿井水可分为洁净矿井水和污染矿井水两类，前者主要是开采时由井筒、巷道正常淋水、抽水和涌水汇集在水仓的矿井水，基本符合生活饮用水标准，经常规处理作为矿区生活用水使用。后者的重要组成部分是生产污水、断层水和部分第四系孔隙潜水，在污水仓汇集而成，其突出的特征是悬浮物含量高和有机物污染。为了提高井下涌水及生产用水循环使用率，构建良好的矿区水平衡。根据当前的技术水平和条件，可以较为容易地处理这些超标的污染物。具体措施如下。

(1)地下水勘探。

要对地下矿井水达到循环利用的目的，首先必须查明矿区的水文地质条件，包括地表水及地下水的类型、矿物成分含量、储存条件、水量大小、水动力条件及采矿过程中矿井水的可能来源等方面，这就需要在矿体开采之前进行详细的地质勘探，为矿井水的处理利用提供充分的地质基础和依据。

(2)矿井水井下处理系统。

矿井水的井下处理系统，主要是建立井下收集净化处理系统，并将净化处理后的矿井水作为供给下部采矿等井下用水。该系统的关键是水仓结构的改进，可使矿井水在此进行化学反应和物理沉淀等作用。在此之前，还需将净化剂等化学试剂提前加入到矿井水中，并利用自然流水使其在进入水仓之前进行混合。在水仓后设置挡水结构(如挡水墙)，目的是进行减缓流速，以促使加入净化剂的矿井水在进行化学反应和物理沉淀时有足够的时间，从而净化从挡水结构流出后的矿井水，矿井水处理流程如图4-10所示。

该排供水系统简化了矿井供水系统，便于就近利用。利用此系统部分矿井水可以依托井下废弃巷道实现井下循环利用，地面土地占用面积减少的同时有利于保护地面环境，获得较好的环境效益，另外，该系统提升了水仓容积效率，可以实现机械化水仓清理，同时系统运行不受气候变化影响，便于矿体回收。

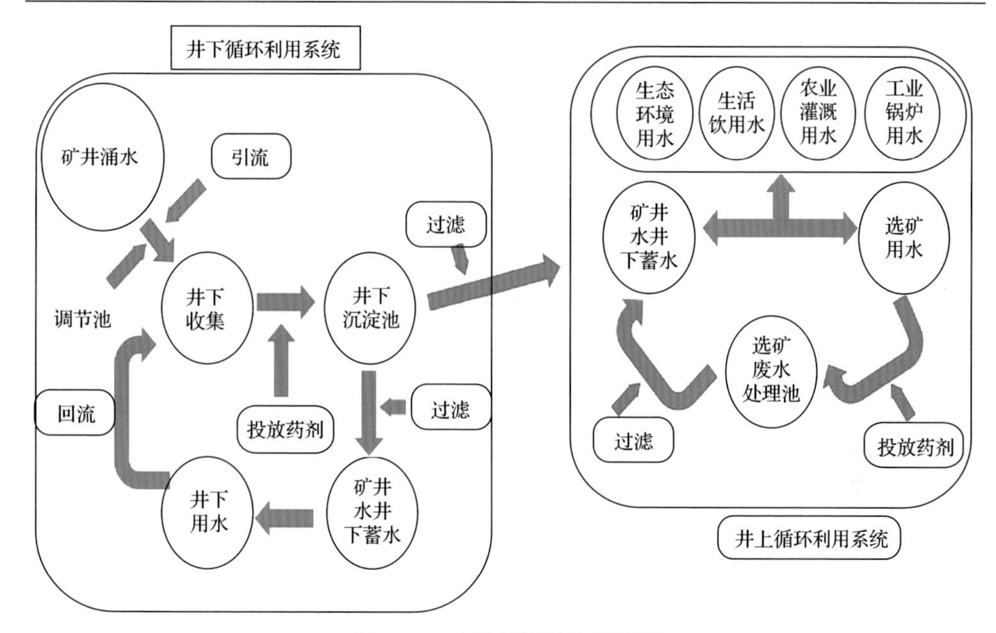

图 4-10　矿井水循环处理流程

(3) 矿井水地上处理系统。

目前，矿山企业水资源的开发利用不够充分，矿井水处理后，主要是作为本矿的生产和生活用水，范围仅仅局限在产生矿井水的生产矿、再生水利用范围狭小，距产业化经营尚有较大的距离。由于缺乏系统规划和开发，用水量会呈现较大程度的波动、使用过程中会出现较大的浪费，矿井水资源的潜在价值没有得到有效的发挥。针对这些问题，提出以下利用办法：

一是作为选矿用水。将经过简单处理，达到选矿用水标准的矿井水用于姑山选矿厂和龙山选矿厂选矿，选矿废水可以经选矿废水处理池处理后重复使用。

二是作为发电站发电用水。寻求新的、利用效益高的再生水使用大户，比如矿区附近电厂冷却水、锅炉补充水、热网补充水等。经一定处理后的矿井水，完全可以满足电厂循环冷却水的水质要求。

三是作为生活或其他用工业用水。用于生活和其他工业方面的矿井水必须要经过地面污水系统处理。一般而言，经过混凝、沉淀、消毒等简单处理措施之后，该矿选矿用水可用来进行生产，不需要进行复杂的过滤工艺。对于生活用水，首先进行混凝、沉淀、消毒等处理工艺，其次进行过滤等更为复杂、严格的处理措施，同时还对水质进行严格检测，主要用作矿区职工生活用水。

四是作为森林或自然环境保护区补充用水。由于矿井水的大量流失势必影响矿区周围的水环境，对周围自然环境造成一定的损害，而将部分矿井水作为周围自然景观、保护区的补充用水，会在一定程度上减少对自然环境的损害，符合可持续发展的绿色理念。

综上，资源回收、污染物减排、节水和环保综合能力强等特征，是姑山矿区井下开采—地下水防治—水资源利用的绿色产业链发展模式的突出优势，同时，也满足国家节能减排及水资源综合利用等有关政策的要求。不仅如此，还改善了矿区的生态环境，减少了采矿过程中水害的发生，有利于促进环境、经济、社会效益协调发展，推进了矿区的可持续发展进程。

第五章　矿井水保护工程科技发展现状

一、煤炭开采水资源保护技术

长期以来，矿井水的焦点停留在其对煤矿建设与生产的灾害作用，矿井水灾害的防治受到广泛关注。随着社会对水资源和生态资源的重视，以干旱、半干旱为主的西部矿区地下水资源的保护和合理利用也越来越重要，我国西部大部分煤矿都面临着排水—供水—生态环境保护之间的矛盾问题。因此，如何解决西部煤矿区三者之间的矛盾问题,已成为煤炭开采水资源保护领域的重要技术难题之一。多年来，经过相关学者不断努力，逐步完善了煤炭保水开采的基础理论，并形成了堵截法和疏导法两大思路和技术体系。

(一)基础理论研究

后覆岩破坏规律的研究是保水开采研究的基础。因此，覆岩破坏规律的研究是保水开采措施研究的前期工作。基于此，国内学者开展了大量工作。

长壁工作面煤层覆岩破坏的“上三带”理论认为，当采用全部垮落法管理顶板时，只要采深达到一定深度，煤层覆岩形成垮落带、裂隙带和弯曲下沉带三部分，通常将垮落带和裂隙带合称导水裂隙带(或简称“两带”)。《建筑物、水体、铁路及主要井巷煤柱留设与压煤开采规程》(以下简称“三下”采煤规程)，将厚煤层分层开采“两带”发育高度预计公式以及露头区安全煤岩柱的留设理论写入规程，使得水体下采煤有了最基本的技术法规，目前国内主要以“上三带”理论作为研究顶板溃水溃砂的基础。

“以岩层运动为中心”的实用矿山压力理论(“传递岩梁”理论)揭示了矿山压力及其显现与上覆岩层间的关系，以及随采场推进矿山压力及其显现的发展变化规律。相关学者在实用矿山压力理论的指导下，建立了顶板控制信息动力决策模型，探讨了导水裂隙带对顶板砂岩透水的影响机理。

中国工程院钱鸣高院士提出了岩层运动的“关键层”理论及其判别准则，研究了关键层作用下上覆岩层的变形、离层及断裂规律，认为关键层能够有效控制顶板突水，顶板水害发生的条件是关键层断裂。在此基础上，相关学者还研究了主关键层位置与导水裂隙带高度的关系，提出了采用强度因子作为判断坚硬岩层是否破断导水的指标，建立了一种预计导水裂隙带发育高度的力学模型。

煤矿开采导水裂隙高度确定是保水开采技术的理论基础，目前，确定导水裂隙带高度的方法主要有三类：第一类是实际观测法，如钻孔注水和物探，此类方法虽比较可靠，但往往工作量大，花费高，而且对现场的施工条件要求较高；第二类是相似模拟实验法；第三类是计算法，计算法可分为理论计算和经验公式计算。目前，我国煤矿生产中，普遍采用经验类比法确定覆岩破坏带的高度。经验类比法是建立在试采和实测基础上的方法，它通过在试采区测定覆岩破坏带的高度，得出覆岩破坏带高度与采厚和覆岩性质的关系式，用于新采区或新矿区的预计。

综上所述，在煤炭开采水资源保护研究方面，早先的水下开采研究方向主要是研究如何防止溃水，从安全角度考虑，不考虑保护和利用水资源，研究开采形成的“三带”（垮落带、裂隙带、弯曲下沉带）及其计算公式都是从安全开采总结的经验算法。随着保水开采理念的不断发展，保水开采的研究思路开始转向如何保护并利用资源开采后产生的矿井水。基于上述两种对待矿井水的不同理念（一种是如何实现煤炭开采水害防治，另一种是如何实现煤炭开采水资源利用），煤炭开采水资源保护技术逐步形成了堵截法与疏导法两种技术途径：堵截法主要以充填开采、限高协调开采及帷幕截流注浆等技术为主；疏导法主要以煤矿地下水库技术为主。

（二）基于堵截法的水资源保护技术

1. 充填开采

煤炭大规模开采对地下水资源和生态环境造成了严重的破坏，资源绿色化开采需求尤为迫切。深部开采面临的矸石排放、开采环境复杂等问题，西部开采面临的生态脆弱矿区环境保护等问题，成为当前煤炭行业发展的主要矛盾。为了资源开采与环境保护的协调发展，21 世纪初我国提出“绿色矿山”的理念，随之形成了“绿色开采”概念与技术体系，十八大报告首次单篇阐述“生态文明”，“十三五”规划纲要做出“大力推进绿色矿山和绿色矿业发展示范区建设”的统筹部署，十九大报告提出“全党全国贯彻绿色发展理念”。因此，矿山生态文明建设、资源绿色开采势在必行。近年来，国家大力支持煤矿企业开展充填开采技术改造、技术研发和技术引进，我国煤矿充填开采技术已经取得了长足发展。

1）我国煤矿充填开采技术分类

我国煤矿充填开采技术起步较晚，最初是借鉴金属矿山充填开采经验。经过几十年的发展，目前形成了多种充填开采技术，如图 5-1 所示。

煤矿充填开采技术按充填量和充填范围可分为：全部充填和部分充填。全部充填开采是对所有采空区域进行充填，充填量与采出煤量大体一致。相对于全部充填，部分充填开采的充填量和充填范围仅是采出煤量的一部分。

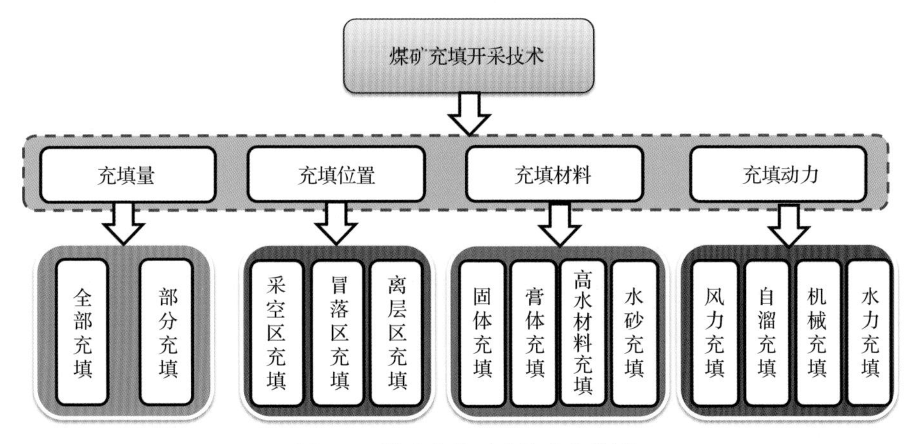

图 5-1　煤矿充填开采技术分类图

按照充填位置的不同，煤矿充填开采技术可分为：采空区充填、冒落区充填和离层区充填。采空区充填，即对煤层采出后顶板未冒落前的采空区域进行充填；冒落区充填，即在顶板已冒落的采空区破碎岩体中进行注浆充填；离层区充填，即在煤层采出后上覆岩层的离层空洞区域进行注浆充填。

按照充填材料类型及运送时的物相状态，可分为固体充填、膏体充填、高水材料充填以及水砂充填。

2) 常见煤矿充填开采技术

(1) 煤矿固体充填开采技术。煤矿固体充填开采技术选用的主要充填材料是煤矸石，材料来源广、价格低，可以实现矸石的二次利用，在降低矸石处置费用同时也降低了充填材料费用。其次，煤矿矸石充填系统相对简单，具有稳定性好、充填效率高等优点，已经在我国峰峰、开滦、新汶、济宁、淮北、阳泉、西山等数十个矿区进行了推广应用。但煤矿固体充填开采技术需要建立充填系统，改进原有的采煤工艺，设置专门的充填支架，前期投资大，管理程序增加。

(2) 煤矿膏体充填开采技术。煤矿膏体充填开采技术是将煤矿生产过程中产生煤矸石、电厂产生的粉煤灰、工业炉渣等固体废弃物，在地面加工制成不需要脱水处理、如同牙膏状浆体充填材料，然后通过专用充填泵加压，利用充填管道将充填物料输送至井下，适时充填采空区的煤矿充填开采方法。膏体充填材料具有早期强度高、密实度高、压缩率低等优点，能够有效控制上覆岩层移动和变形，减少地表下沉和变形，已经在我国淄博、济宁、峰峰、焦作等矿区开展了应用。但膏体充填过程中，充填系统相对较复杂，初期投资较高(约为矸石充填的 3 倍)。

(3) 煤矿超高水材料充填开采技术。煤矿超高水充填材料是一种水体积分数可高达 97%的煤矿新型充填材料，煤矿超高水充填材料由两种主料和两种辅料组成，主料按 11∶1 使用，辅料根据实际情况配合使用。煤矿超高水充填开采的材料制备工艺简单，可以充分利用矿区生产废水。其次，煤矿超高水单料浆具有稳定性好、流动性好、易于泵送等优点，可以实现长距离泵送。此外，超高水料浆中固体材料用量少，不仅解决了煤矿充填材料短缺的难题，还简化了物料运输系统，降低了初期投资(仅为矸石充填成本的 1/2)。但超高水充填材料不耐高温、易风化，长期稳定性差。

(4)部分充填开采技术。部分充填开采是相对全部充填开采而言，仅对采空区的局部或离层区与冒落区进行充填，依靠覆岩结构、充填体及部分煤柱共同支撑覆岩控制开采沉陷。部分充填开采技术可以分为：覆岩隔离注浆充填、长壁墩柱同步充填和短壁冒落区嗣后充填。覆岩隔离注浆充填技术适用于基岩厚度较大的单一煤层，对“局部压煤”不迁村情况下的采煤具有独特优势。短壁冒落嗣后充填技术主要适用于薄及中厚煤层，特别是充填置换条带煤柱。长壁墩柱同步充填开采技术适用于埋深较浅的近水平薄煤层，且要求直接顶稳定性好。

3) 工程应用

岱庄煤矿为核定生产能力 300 万 t/a 的大型煤矿，矿井位于济宁市城区北部，井田内地面建(构)筑物密集，地面村庄压煤 80%。自 2000 年建成投产以来，一直采用条带法进行建下压煤开采，目前已有条带煤柱 50 多个，累计条带煤柱可采储量已达 1100 万 t，造成了井田内有限的煤炭资源浪费。为回收建下遗留条带煤柱，延长矿井服务年限，岱庄煤矿与中国矿业大学等单位合作，进行矸石膏体充填开采技术研究，建立了一套以矸石、粉煤灰、建筑废弃物为主要原料的膏体充填系统，回收条带开采遗留的煤柱。将矸石、粉煤灰、水泥、建筑废弃物等固体废物制作成膏状浆体，从地面通过充填泵经充填主管路和工作面充填管路及布料管等管件充填采空区，置换采出煤炭资源，使地表变形始终保持在建(构)筑物安全的允许范围内。

根据 2351 膏体充填工作面地质资料，并结合 2351 膏体充填工作面的充填开采经验进行综合分析，确定 2351 膏体充填工作面采用综采一次采全高，采空区采用矸石膏体充填控制顶板。在工作面顶板完整的情况下循环步距按割 4 刀进行生产组织，顶板破碎时根据顶板完整性及压力情况及时加强支护或补充措施。膏体充填开采施工工艺，顶板完整时：挂网→割煤(2 刀)→挂网→割煤(2 刀)→隔离→充填(支护顶板)→凝固检修(支护顶板)；顶板破碎时：挂网→割煤(2 刀)→挂网(打设锚杆支护顶板)→割煤(2 刀)→隔离→充填(打设锚杆支护顶板)→凝固检修(打设锚杆支护顶板)。

该工程的充填工艺包括：管道注水、灰浆推水、矸石浆推灰浆、灰浆推矸石浆、水推灰浆和打风。

其中，打水润湿管路阶段，不用开泵，可以利用重力作用，通过水自流的方式达到对管路内壁润湿的目的，一般注水时间为 30min。灰浆推水阶段，灰浆为过渡浆体，起隔离水与矸石浆作用，防止矸石浆与水接触产生离析。矸石浆为主打浆体，主要由煤矸石、粉煤灰、水泥和水四种物质配比而成，根据矸石颗粒变化情况和粉煤灰变化情况调整预期强度，使矸石浆体始终处在合适的坍落度范围，保证其具有良好的流动性能，而又不发生离析。打风是指将风吹出管路内打水阶段无法冲出的碎小石子，另一方面吹出管路内的存水，吹干管路内壁，防止锈蚀管路，以延长管路使用寿命。打风至管路内不再出水为止，时间约为 2h。

该工程自 2009 年 12 月 23 日以来，2351 工作面已经充填开采完毕，充填膏体 280450m^3，消耗矸石 105375m^3，置换出原煤 420280t。膏体充填整体运行平稳，无严重漏浆和堵管事故发生。充填体拉架后自稳较好，无变形塌落现象，且接顶良好，有效地支护了顶板。

2. 限高协调开采

1) 基本原理

采矿活动对水体的影响有两方面：一是上覆岩层的移动和破坏，形成充水通道，使水体中的水渗透和溃入井下，影响矿井的安全生产；二是地表的移动变形，使地表水体的附属建筑物受到影响，如堤坝下沉量很大或断裂时，河湖中的水就要出槽漫流。因此，水体下采煤，必须在煤层与水体之间留设一定高度的起隔水作用的岩层和煤层，即安全防水煤岩柱。主要作用是最大限度地防止煤层开采后所形成的导水裂隙带波及上覆水体，避免上覆水体涌入井下，并使矿井涌水量无明显增加。

基于上述思路，相关学者逐步形成了限高协调开采的保水思路，其核心是通过限制工作面采高和优化工作面布局达到保水的目的。

限高开采原理：一是在工作面回采过程中，通过限制工作面采高，以降低采空区顶板覆岩裂隙带高度，进而达到保护采空区上方含水层或地表水系的目的；二是厚煤层在开采边界位置错距变采高开采，由小采高过渡到大采高，减小开采边界拉裂效应，降低覆岩导水裂隙带高度；三是通过限高错距变采高开采，降低地表河道拉伸变形，减小地表裂缝及其破坏程度，达到水体下安全开采的目标。

2) 工程应用

榆树湾煤矿公告的生产能力 10Mt/a，矿井划分为四个开采水平：第一水平开拓 2-2 煤层，第二水平开拓 3-1 煤层，第三水平开拓 4-3 煤层，第四水平开拓 5-3 上煤层。矿井在开采 2-2 煤层时，采用倾斜分层大采高再生顶板综合机械化采煤法，开采标高为+990～+1090m，截至目前，该矿已开采 201 盘区东翼 6 个工作面，形成采空区面积约 12.43km^2。

榆树湾煤矿地层结构从上到下依次为萨拉乌苏组含水层、黏土隔水层、直罗组含水层和延安组隔水层、煤层。萨拉乌苏组含水层厚度为 0～35.21m，一般为 14m，水位埋深为 0.73～2.86m。其下是黏土隔水层，厚度为 95.08～188.50m，直罗组弱含水层厚为 0～57.52m。延安组含煤地层厚度为 246.47～290.56m，首采 2-2 煤，平均煤厚为 11.62m，埋深为 110～300m，平均为 230m。煤层上覆基岩隔水层厚度为 115.40～173.40m。

马立强等研究了长壁工作面保水开采技术及应用范围，认为局部限高是实现保水采煤的途径之一，即控制采煤引起的导水裂隙带高度，使之发育高度达不到含水层。研究表明，导水裂隙带高度与采高呈正相关关系，采高越大，导水裂隙带高度越高。因此，降低采高，能够有效降低导水裂隙带发育高度，同时也防止了突水溃沙的发生。

榆树湾煤矿现开采最上部的 2-2 煤层，煤层厚度 11m，榆树湾煤矿与西安科技大学联合开展了基于保水采煤的最大开采高度研究，实行分层开采，若上分层采全 7m，全部垮落法管理顶板时，45%以上区域的萨拉乌苏组地下水将漏失，达不到保水采煤目标，若上分层采高 5m 左右，可以实现大部分区域的保水开采。2012 年以来，榆树湾煤矿按照 5.50m 采高限采，6 个工作面已经回采完毕。

保水采煤技术应用效果，主要通过两个指标评判：一是采动覆岩导水裂隙带发育高度；二是生态潜水水位变化幅度。采用前者判断导水裂隙带是否与生态潜水含水层沟通，采用后者判断水位是否大幅度下降，导致地表植被枯萎或枯梢、死亡等。

3. 帷幕截流注浆技术

帷幕截流注浆技术是我国矿山水资源保护工作者在借鉴水电部门坝基灌浆防渗技术的基础上，提出的利用钻孔注浆建造帷幕、保护矿区地下水的方法。帷幕截流注浆技术的出现，为矿山水资源保护开辟了一个新的途径。结束了多年来依靠单一疏排降水方法解决煤炭资源安全开发、造成地下水资源严重浪费的问题，逐渐成为一种常用的水资源保护技术方法。帷幕截流注浆通过对含水层进行注浆截流，人为地改变水文地质条件，减小了矿井正常涌水量或突水量，是处理进水边界的有效技术措施。

帷幕截流注浆技术是通过注浆在含水介质层中垂直地下水流方向建造地下阻水墙，以保护地下水资源的方法。是一种人工改造含水层水文地质条件或矿井充水条件的方法，实质是把含水介质层的补给边界改造成为阻水边界，减少含水层侧向动态补给水量，使含水介质层在煤炭开采时变得较易于疏干或大幅度减少矿井动态涌水量。因此，这是一种从源头上保护地下水资源的方法之一。

地下连续墙是常见的止水帷幕形式之一，目前广泛应用于铁路交通、水利水电等基坑防渗和水工程领域。在此之前，常用的基坑支护与止水形式有高压旋喷桩、钻孔灌注桩等桩排式止水帷幕。近年来，随着防渗止水技术和防渗墙工艺的不断进步，防渗墙作为深地层止水帷幕形式在城市地下工程领域得到大规模应用。

根据成端方式、墙的用途、充填材料、墙体开挖情况等不同的分类标准，连续墙被划分为不同的类型。防渗墙属于地下连续墙中主要起防渗作用的、建成后不开挖的一种墙体形式。连续墙具有施工工艺成熟、防渗性能好、施工周期短、地层适应性强等优点，目前广泛应用于水利水电、铁路交通、船坞码头、地下仓库等工程领域。近年来，随着新材料与新技术的不断发展，出现了采用防渗膜作为连续墙隔水材料的新工艺，防渗膜工艺具有材料成本低、防渗效果好、使用寿命长、绿色环保等综合优势，使地下连续墙技术有了创新性发展。

露天矿剥离过程中，为有效地减少矿坑涌水量并保护浅部含水层水资源，常在剥离区外对含水层实施帷幕截流，以确保矿坑在剥离排水过程中地下水位影响漏斗范围控制在要求范围内。图 5-2 为露天矿坑剥离含水层建造截流帷幕墙示意图。

在井下开采时，当煤层直接顶板为含水层时，一旦巷道掘进或工作面回采，含水层中的水都不可避免地涌入矿井，给矿井安全生产带来影响和灾害，造成地下水资源的大量漏失。这时，为了保护地下水资源、减少矿井生产过程中的涌水量，应该对充水含水层实施帷幕截流工程，以切断补给水源。图 5-3 为煤层直接顶板为含水层帷幕截流注浆示意图。

肥城矿区是全国知名的大水矿区，下组煤底板的徐灰含水层(以下简称徐灰)和奥陶系灰岩含水层(以下简称奥灰)承压含水层富水性强。新陶阳煤矿中三井田上组煤设计生产能力 60 万 t/a，1982 年 12 月投产，下组煤设计生产能力 30 万 t/a，1988 年进行开拓，2005 年 7 月投产。目前，3^1 煤层的资源已开采殆尽，生产条

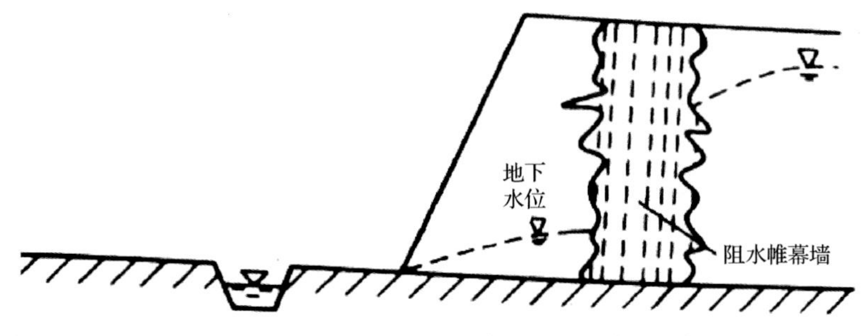

图 5-2　露天矿坑剥离含水层建造截流帷幕墙示意图

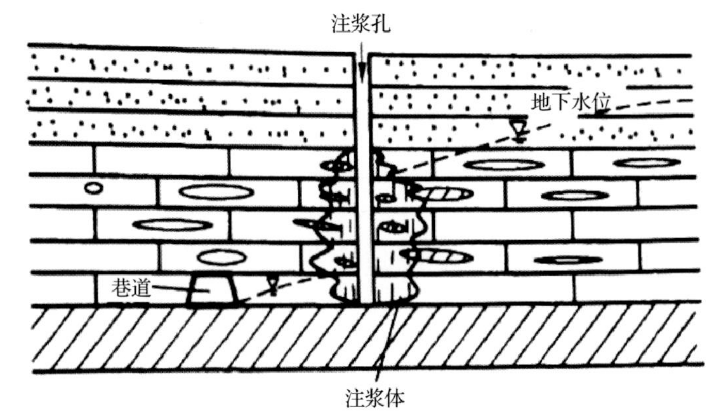

图 5-3　煤层直接顶板为含水层帷幕截流注浆示意图

件越来越差。因此，逐步实现上组煤向下组煤的战略转移，关系到新陶阳煤矿的发展与生存问题。下组煤的开采面临的一个重要难题，是解决 8 煤顶板四灰水的防治问题，并保护该地区的煤层底板岩溶水资源，而帷幕截流技术对四灰地下水资源的保护起到了至关重要的作用。

帷幕截流工程设计包括帷幕钻孔和帷幕注浆。

(1)帷幕钻孔：沿 7 煤层 F_{39} 号断层煤柱线 10100 东放水巷 A#点向东施工巷道 1600m 至岩浆岩墙，利用巷道施工四灰帷幕截流钻孔。钻孔方向与巷道斜呈 40°夹角，沿巷道方向依次布置，根据钻孔实际揭露的水量、水压钻探施工的难易程度适当加密或稀疏钻孔，分三个序次施工，使各钻孔终孔位置在一条直线上，形成一条帷幕带，第一序次钻孔间距 40m，第二序次钻孔间距 20m，第三序次钻孔间距 10m。

(2)帷幕注浆：注浆材料以 425#普通硅酸岩水泥和肥城黏土为主。以连续注浆为主，如果进浆量较大，可采用调节浆液浓度或采用间歇式注浆，引流式注浆相结合的方法。封孔要用纯水泥浆，封孔压力达到水压的 2.5 倍，保证封孔后孔口不漏水。利用地面注浆站系统，通过高压注浆泵、高压注浆管路进入钻孔四灰含水层。

帷幕截流结束后，在四灰帷幕进风巷即帷幕线以内，利用新施工的 8 个四灰放水孔进行了放水试验，历时 10 天，总放水量为 $13500m^3$。8 个放水孔，单孔最大水量为 $163m^3/h$，稳定水量为 $50m^3/h$，衰减系数为 69.3%。

根据以往水文地质条件探查和分析成果，中三井田四灰含水层主要补给水源来自该井田东南边界第 6～8 勘探线之间(即处于帷幕工程段)F_{39} 断层“下盘”的徐灰、奥灰含水层，补给量约为 $200m^3/h$。放水期间，帷幕带南北两侧四灰观测孔水压降幅出现截然不同的两种结果，即南侧浅部有所降低但都很小，北侧深部降幅都很大且稳定值都较低。

以上现象表明，放水量已基本接近补给量，四灰帷幕工程实施后，堵截了该井田四灰含水层补给边界的过水通道，过水量减少约 150m^3/h，帷幕截流工程取得了明显效果，实现了对该地区石灰岩岩溶地下水的有效保护。

4. 煤层底板超前区域注浆改造保水技术

在大采深高承压水条件下，一般小型断裂构造或断裂带都有可能形成突水通道，目前超前探测技术还不能完全探明隐伏断裂带或小构造，矿区地下水资源保护思路应由一般的超前探测向超前治理转变、由局部单工作面治理向整体区域治理转变，即采取超前主动防范的区域治理思路。

区域超前治理指导原则为“超前主动、区域治理、全面改造、带压开采”。内涵是：在大采深高承压水头条件下，以“不掘突水头，不采突水面”为目标，对煤层底板从“一面一治理”转变为以采区或更大区域以及受构造所分割的水文地质单元实施区域治理，从回采工作面形成后再治理提前到掘前预先主动治理，从以井下治理为主转变为以地面治理为主，从以煤系薄层灰岩含水层作为主要治理对象延伸到以奥灰含水层顶部作为主要治理对象。地面区域超前奥灰治理是治本，井下区域超前薄灰含水层治理是补充。

区域超前治理保护地下水资源技术目标有：①通过煤层底板全面注浆改造，突水系数必须小于《煤矿防治水规定》的 0.1MPa/m；②“以治定采”，治理达标煤量要大于回采煤量；③区域治理工程超前掘采工程，做到不掘突水头，不采突水面；④超前注浆治理工程量要达到总工程量 70%以上。

采前评价是采面治理后，用同一种物探手段进行治理前后的效果对比和煤层底板阻水能力测试，进行专家综合评价。

区域超前治理保护地下水资源关键技术如下。

1) 地面水平多分支定向钻进关键技术

地面水平多分支定向钻进是利用特殊的井底动力工具和随钻测量技术，钻成井斜大于 86°，保持该角度钻进一定岩层段的定向钻井技术，包括随钻测量、井眼轨迹控制、井壁稳定技术等。在煤矿地下水资源保护领域应用水平定向钻进技术目的是探查复杂的地质构造并加以超前治理，对煤层底板高承压奥灰含水层进行全面注浆改造。一般先在地面施工垂直井，然后造斜进入奥灰含水层一定深度后变成水平井，对奥灰含水层进行充分揭露。在钻进中以寻找断层、溶洞和裂隙为主，若遇导水裂隙等造成浆液大量流失，立即注浆治理；若进入奥灰含水层未发现导水裂隙等构造，则施工多水平分支孔继续查找导水裂隙等构造。在找到导水裂隙等构造或在钻进中有浆液漏失时，要做压水试验，根据吸水量的大小最后决定注浆量和浓度，从而达到在地面超前注浆改造奥灰顶部含水层的目的。

2）井下定向钻进超前注浆治理

煤矿井下定向钻进技术是煤矿钻探领域的一项新技术，该技术采用带弯接头钻具，钻杆不回转，利用高水压驱动螺杆马达带动钻头旋转，加上随钻测量技术监测和通过调节螺杆马达工具面向角控制钻孔轨迹，从而使钻孔尽量在目标岩层中延伸。

对于掘前“条带”补强注浆治理，在掘进前方加固煤层底板掩护煤巷掘进，首先要注浆加固一定深度的巷道底板以封堵潜在的出水通道。一般以注浆扩散半径确定合理的超前钻探距离和煤层底板加固深度。实体煤掘进注浆加固范围和深度如图 5-4 所示。坚持“见水必注”的原则，对巷道前方的底板及侧向一定范围内予以注浆超前预治理，对相邻采煤工作面设计的沿空送巷“不掘突水头”进行超前加固；如果附近有断裂构造等地质异常体，需利用已有巷道进行超前注浆治理，防止采动活化引起水资源漏失。

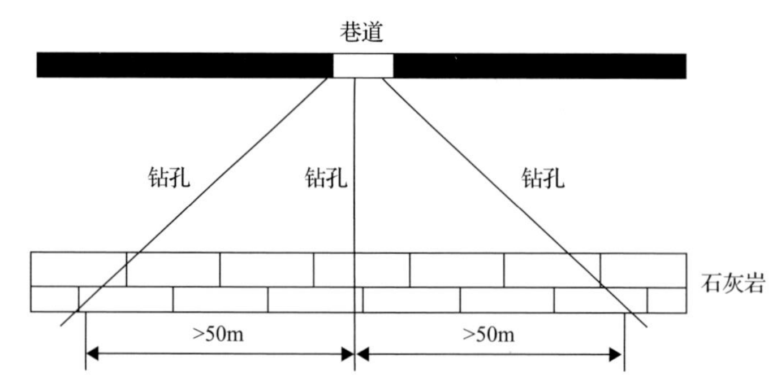

图 5-4　掘进超前条带注浆示意

对于采场补强注浆及相邻未采区域超前治理，在回采工作面掘出后，采煤工作面内一般用两种以上物探手段指导底板补强注浆全面改造；为相邻未采区域“不掘突水头”创造条件，将现有回采工作面注浆改造范围外延 50m，为创造相邻未采区域超前注浆改造，以保障相邻采煤工作面掘进“不掘突水头”，如图 5-5 所示。

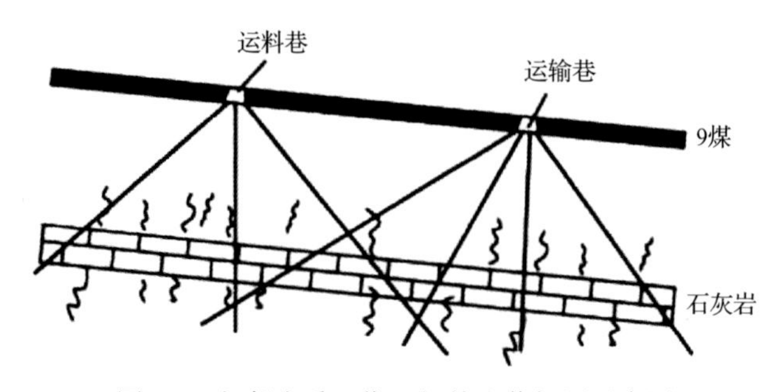

图 5-5　相邻未采工作面超前注浆加固示意图

邯邢矿区某矿自1998年10月开采4煤保护层以来，4个回采工作面发生突水，尤其以2009年1月作为保护层的15423N工作面采空区发生滞后突水，突水量超过矿井最大排水能力被迫停产，同时造成地下水资源的严重浪费。根据水文观测及水质化验资料确定突水水源为奥灰水，突水通道为4煤以下的隐伏导水陷落柱。所以，在采深已达到850m以深，突水系数逐步接近《煤矿防治水规定》上限情况下，采取以地面治理为主、井下治理为辅的区域超前治理立体水资源保护模式。

现场对于超前区域治理的定向钻孔设计及施工包括：

在地面三维地震探测基础上，结合矿井水文地质勘探资料，将奥灰岩含水层顶部作为改造目标层，以–850m水平北翼二采区为单元，依据已有水文探测成果，设计布置3个垂向主孔，主孔间距约1000m；每个主孔根据浆液扩散半径和工程需要，设计了4～7个水平分支孔，原则上覆盖全区域。应用全液压车载顶驱钻机定向钻进技术，钻机平均钻进速度0.6～2.0m/min。先施工垂向主钻孔到奥灰岩顶面七、八段(孔深约971.6m)层位，再沿不同方位施工水平分支孔。

4煤层底板各含水层注浆治理伴随着水平钻孔施工的整个过程，孔口注浆打压不低于4.0MPa，注浆材料以R32.5矿渣硅酸水泥为主，浆液出现大量流失时添加粉煤灰等作为辅助注浆材料。钻探施工的各个阶段均采用下行式分段注浆方式，即钻探施工过程中一旦浆液大量漏失就立即进行注浆加固。施工至奥灰含水层后出现钻进中漏浆量大时，在压水试验的前提下，确定注浆参数。注浆过程中发现有串浆现象采取各注浆孔联合注浆方式，上一阶段注浆结束后，注浆孔、串浆孔均应进行扫孔，以防堵孔。以孔口终压1.0MPa、稳定30min和单孔吸浆量小于50L/min作为注浆结束标准。治理中，根据钻探、注浆情况，及时反馈，不断优化设计，按浆液扩散半径设计施工另一方位水平钻孔，直至达到区域治理设计要求。

工程现场区域超前治理效果评估发现，北翼–850m水平二采区区域治理钻孔累计进尺15651m，其中水平定向井进尺12386m，最大水平钻距达836m，共探查出漏失点25个，累计注浆量为77689t。区域治理成果如图5-6所示。由于钻孔以“带、羽状”的轨迹进入奥灰顶部目标层后，以水平或近水平状态沿目标层延伸，能够探知所钻范围内地质构造的情况，并使原来在水平方向无联系的裂隙、断层及溶蚀溶洞等渗流或通道互相连通，扩大了钻孔控制范围，改善了区域水文地质条件。

在地面区域超前治理基础上，井下以4号煤层15445N回采工作面为核心，进行掘前“条带”及工作面采前补强注浆。通过井下测试钻孔原位测试，利用带压系数和阻水系数对煤层底板隔水层阻水性能进行了量化评价，结果表明，区域超前治理有效地削减了煤层底板岩层薄弱区各向异性的“异度”，提高了底板阻水能力，减小了井下矿井排水量，实现了煤层底板岩溶地下水的有效保护。

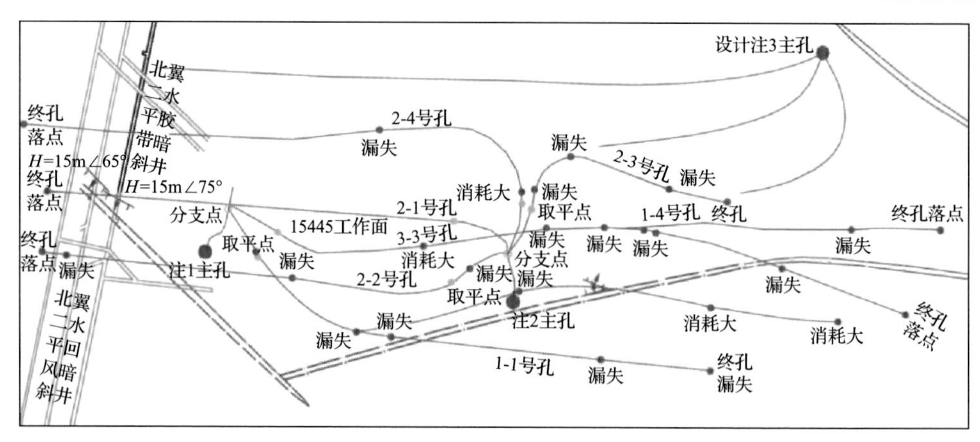

图 5-6　北翼二采区区域治理钻孔轨迹成果

(三)基于疏导法的煤矿地下水库技术

传统的保水开采是基于水资源赋存条件，降低覆岩导水裂隙带高度，确定工作面开采面积、开采高度、开采顺序、开采速度等参数，使开采覆岩导水裂隙带高度低于含水层的安全高度，保护含水层。然而，由于能源“金三角”地区，煤层普遍赋存较浅，煤炭开采必然会破坏含水层和导致地下水流失，形成大量的矿井水。该区处于干旱半干旱地区，地表蒸发量大，矿井水一旦外排，一方面污染地表生态环境，另一方面水体蒸发，难以利用。

因此，在水资源不足、保水开采条件较差的能源“金三角”地区，水资源保护的关键是如何根据煤炭资源赋存特点、开采工作面和采空区，通过保水开采技术创新，将有限的地下水资源转移到安全的空间，实现地下水不流失、矿井水不外排，即实现保水开采。

煤矿分布式地下水库建设和运行技术就是按照矿井水不外排的思路，根据现代开采技术条件下有序形成采空区的特点，通过井田煤炭资源开采的系统规划和科学布局，现代开采工作面有序推进，采空区保水空间的设计与建造，采空区保水空间之间的“通道”建设等，将基于采空区形成的多个储水空间相互连通，形成分布式相互连通的地下储水空间——分布式地下水库，确保地下水资源不外排。采用该技术，可以实现工作面安全高效开采与水资源利用相互协调，实现双赢。该技术同一般地下水库建设过程有相似之处，都包括设计、建设和运行三个环节；不同之处在于煤矿分布式地下水库的储水空间受采动影响的围岩动态变形运移等边界条件约束，其坝体加固和防渗技术复杂，要求较高，坝体的安全问题至关重要，必须基于煤炭开采动态影响，针对开采地质环境条件和现代煤炭开采技术工艺条件，进行水库选址、建设、防渗、监测、调控和调度利用等。

此外，还可以利用采空区等，建设井下的矿井水处理系统，通过岩石的自然净化，处理设备的工程系统净化，在井下实现矿井水的净化和储存，不仅实现地下水资源的不外排，还要达到可以清洁、安全使用的目的。

1. 煤矿分布式地下水库的概念、特征与技术体系

煤炭开采后，在不同开采水平形成了大量的采空区，随着开采对上覆岩层扰动的结束，采空区趋于稳定，形成了较大的空隙空间，为矿井水存储提供了空间条件。煤矿地下水库是对开采形成的采空区加以改造形成地下储水空间，将同一水平、不同水平，甚至矿区的多个煤矿地下水库通过人工通道进行连通，根据采煤生产接续计划，对矿井水进行分时分地储存，在地面建设相应的抽采与回灌工程，实现矿井水的抽采利用与回灌储存，形成分布式的地下水库，称为煤矿分布式地下水库，如图 5-7 所示。

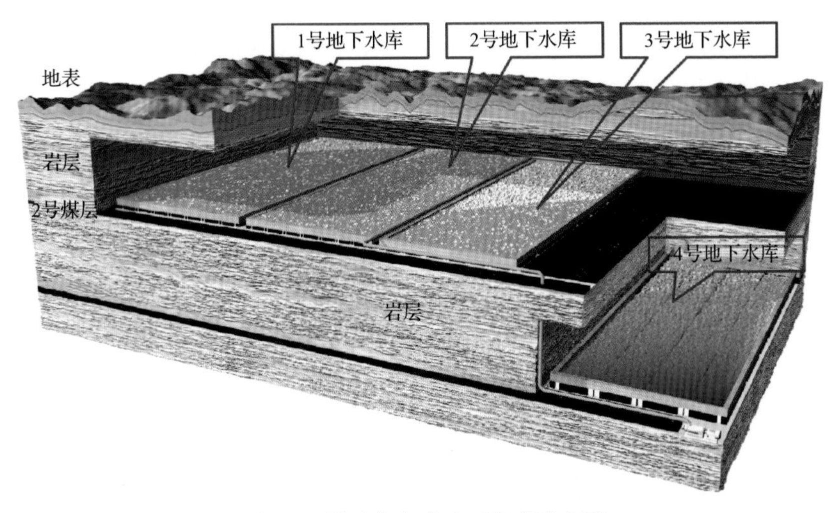

图 5-7　煤矿分布式地下水库示意图

煤矿分布式地下水库不同于普通的地下水库，具有以下几个方面特征。

1) 储水空间的形成不同

一般的地下水库的储水空间是一种蓄水构造，是天然形成的，再辅以若干人工工程形成。蓄水构造是地下水形成、运动和储存的场所。根据自然地理和空隙的性质，我国的蓄水构造包括孔隙蓄水构造、岩溶蓄水构造、裂隙蓄水构造和地区性蓄水构造四种类型。而煤矿地下水库储水空间的形成是在煤炭开采后形成采空区，上覆岩层充填采空区后形成的空隙空间。

2) 储水空间(库容)动态变化

工作面开采后，形成采空区，上覆岩层向下运动，达到稳定状态需要较长时间，采空区内的空隙空间不断变化，导致储水空间在采空区达到稳定状态之前是不断变化的，水库库容处于动态变化的状态。

3) 坝体材质不同

普通的地下水库的坝体多为自然隔水层或通过人工辅助工程所形成的地下坝；煤矿地下水库是在煤柱的基础上，通过实施防渗和强化工程，所形成以煤柱为主的地下坝体。

4) 建设方式不同

一般地下水库的坝体工程、回灌工程、抽采工程和安全监测设施工程等均在地面建设，而煤矿地下水库的建设工程原则上都在井下进行施工建设。

5) 分时性特征

由于煤矿分布式地下水库是在不同煤层的不同工作区进行储存，在开采某水平的地下水库下方煤层时，为保证安全，须将该水平的矿井水通过库间调运，将水体调运其他水库进行储存，体现了煤矿分布式地下水库的分时性。

6) 分布性特征

煤矿分布式地下水库的一个重要特征就是具有分布性，可以将若干煤层的地下水库通过钻孔或管道进行连通，实现水资源在水库间的综合调运和调节。

煤矿分布式地下水库关键技术体系框架涵盖地下水库建设的全生命周期，包括规划与设计、建设、运行和调控等方面。

2. 煤矿分布式地下水库的规划与设计技术

煤矿分布式地下水库规划包括水文地质勘探和矿井涌水分析方面，其主要任务是查明地下水系统的结构、边界、水量、水动力系统及水化学系统的特征等，为水库建设提供基础数据支撑；通过分析地下水库储水空间(孔隙和裂隙)的影响因素，对矿井水的渗流规律进行研究；分析井田布局及矿井开拓系统对地下水库建设的影响，建立地下水库的选址步骤；对影响地下水库库容的因素(包括煤层因素、上覆岩层性质、开采方法及工作面尺寸)进行分析，提出库容确定方法和计算模型。

1) 水文地质勘探

水文地质测绘的目的是查明天然及人工条件下地下水的形成、赋存和运移特征，地下水水量、水质的变化规律，为水资源评价、开发利用、管理和保护及环境治理提供基础数据和技术支持。

水文地质测绘的任务主要是查明地下水系统的结构、边界、水动力系统及水化学系统的特征，具体任务包括查明地下水的赋存条件、运动规律、水文地质化学特征及动态特征等。

2) 矿井涌水分析

矿井涌水是各种水源通过不同通道进入井巷造成的，其水量的大小主要受到煤层赋存条件(地质、水文地质条件)和开采条件控制。因此，矿井涌水的水源和通道是矿井水形成的必备条件，其他因素则影响矿井涌水量的大小及其动态变化。分析矿井的涌水条件，就是分析矿井水的来龙去脉。

3) 选址技术

煤矿分布式地下水库选址技术包括对矿井待开采区域地下空间进行勘查，主要包括地层、岩性、构造分布和空间范围；根据所述勘查步骤获得的地质数据，确定分布式地下水库的空间位置；根据前述所确定的分布式地下水库空间位置，依次进行煤矿开采盘区布局及工作面布置，以形成最佳的分布式地下水库建设地址，具体包括矿井地下空间勘查、矿井分布式地下水库空间位置的选取、矿井开采盘区布局及工作面布置等步骤。

4) 库容确定

库容的确定主要考虑工作面布局和开采参数、采空区面积、采空区上覆岩层性质及垮落参数、冒落岩石的碎胀系数和岩石间的空隙率等。采用现场钻孔观测，结合物理模拟和数值分析，确定不同开采条件、不同开采参数下岩石冒落规律、空隙参数，计算地下水库容积。

根据煤矿分布式地下水库库容确定方法，研究典型条件下的库容计算参数，重点是岩层垮落空间与储水系数。采用现场实测、物理模拟和数值分析手段确定典型条件下岩体垮落规律、空隙参数及水库容积，提出典型开采条件下的垮落空间与储水系数(孔隙率或裂隙率)经验参数。通过地下水流量观测，分析验证和修正经验参数，并预测煤矿分布式地下水库库容的变化趋势。

3. 煤矿分布式地下水库建设技术

煤矿分布式地下水库建设技术包括筑坝技术和防渗技术。在筑坝技术方面，分析煤柱坝体的影响因素，主要包括上覆岩层特性、煤柱强度、开采深度、采高、防渗要求等，提出煤柱坝体设计的主要内容，建立坝体厚度设计计算方法，坝体嵌入围岩的深度和墙体厚度；其次研究坝体加固材料及工艺，即实施注浆加固工程，提出注浆施工技术参数要求和注浆方法，建立坝体结构稳定性评价方法；防渗技术主要包括煤矿分布式地下水库渗透性模拟技术、坝体防渗方法、防渗材料和防渗设备研发。

1)筑坝技术

筑坝是形成地下水库周边的结构，起到阻水和防渗的作用。煤矿分布式地下水库坝体(图 5-8)是开采设计时留设的开采边界保安煤柱、防水煤柱及人工构筑物的混合体，要根据地质结构、开采工艺、水库水量和水压等参数确定坝体的结构尺寸，建设必要的人工构筑物，通过人工构筑物和煤柱的有机结合，保证坝体的结构强度和稳定性。

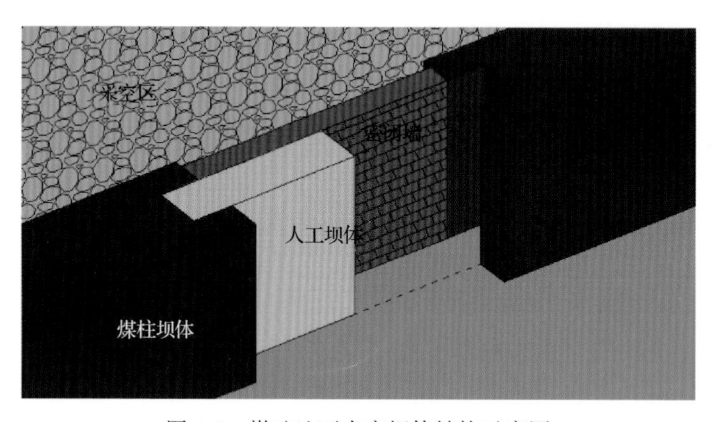

图 5-8　煤矿地下水库坝体结构示意图

煤柱作为煤矿分布式地下水库坝体的主要组成部分，影响煤柱坝体稳定性的因素包括上覆岩层岩性、煤柱强度、开采深度、采高、煤层倾角、地下水库库内水体压力承载力要求及防渗要求(图 5-9)。在对煤柱渗透性进行测量的基础上，以煤柱为主体实施防渗工程，形成的地下水库坝体除具有足够的耐久性，还要满足渗透性要求，坝体的渗透性系数要小于 1.0×10^{-6}cm/s。

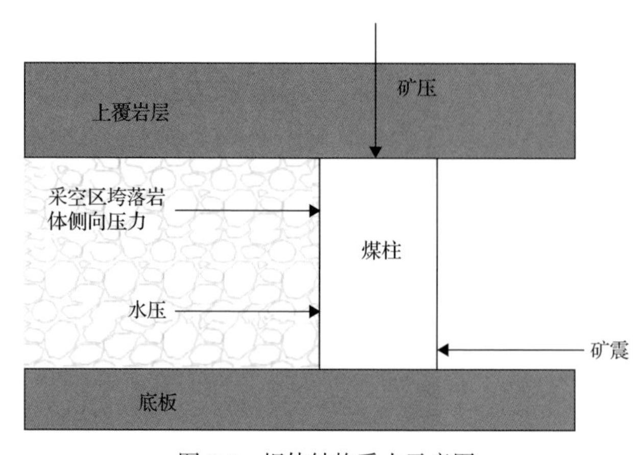

图 5-9　坝体结构受力示意图

2) 防渗技术

由于地质、构造、岩性等条件约束，大部分地下水库需要实施防渗工程，对防渗方案和施工工艺及质量要求较高。

目前，较为成熟且运用较多的方法有：帷幕灌浆、垂直铺塑土工布；混凝土防渗墙，包括射水造墙、抓斗薄壁防渗墙、振动沉模防渗板墙等；水泥浆防渗墙，包括高压喷射灌浆、针孔切槽高喷、深层搅拌桩法等。考虑到工程实际，煤柱坝体防渗工程应与坝体构筑(坝体加固工程)同步实施。煤柱防渗工程中采用的主要方法包括：帷幕灌浆、垂直铺塑技术、高喷灌浆防渗墙、混凝土防渗墙、高压喷射灌浆等。

4. 煤矿分布式地下水库的安全保障技术

煤矿分布式地下水库的安全保障技术包括安全监测技术、应急保障技术和安全智能控制系统三部分。其中，安全保障技术是基于煤矿分布式地下水库实际，研发煤矿地下水库相关指标监测传感器，分析地下水库的渗漏、水位、水质、水量、坝体应力应变等关键参数，研究确定水库稳定性薄弱部位，进行监测点布设，通过信息化监测技术，实时监测坝体稳定性指标(图 5-10)；应急保障技术是在对地下水库监测数据进行科学分析的基础上，制定研究关键设备的自动控制技术，形成地下水库应急保障技术，包括防渗漏技术、防溃坝和防淤技术；开发应用煤矿分布式地下水库自动智能化控制系统，实现监测数据实时传输，并通过在监测中心远程控制各种设备，实现应急远程自动化控制。

图 5-10　煤矿地下水库坝体监控仪表

5. 工程应用

大柳塔煤矿为国家能源集团神东煤炭集团公司下属煤矿，由活鸡兔井和大柳塔井组成，分别在乌兰木伦河西岸和东岸，开采面积 189.2km^2。

大柳塔煤矿是神东矿区开采较早的矿井，也是采煤影响地下水位典型的矿井之一。由于煤层埋藏浅且煤层厚，在开采过程中采用人为疏放排水以及采动形成的导水裂隙引发含水层的水体流失，对地下水资源造成了很大影响。传统的地下水处理方法就是将矿井水全部抽排到地面进行净化处理后，一部分自用，大部分外排，造成了水资源浪费和对地表生态环境的污染。根据大柳塔矿井统计数据(表 5-1)，矿井最大涌水量在 600m^3/h 以上，平均复用水量仅为 180m^3/h，大量的水资源无法得到有效利用，如果一旦由井下抽出，造成地表水处理设施负担，净化外排后，由于地表蒸发量大，水体被蒸发，造成水资源浪费，并对地表环境造成污染。煤矿开采对地下水资源已造成了严重影响，为保护利用矿井水资源，在大柳塔矿实施了煤矿分布式地下水库工程。

表 5-1　大柳塔井地下水库储用水情况(2018 年)

地下水库编号	储水区域	目前储水量/万 m^3	目前储水高度/m	井下复用水量/(m^3/h)
1号	22400～22405 工作面采空区、22406 采空区	336.2	4.4	330
2号	22601～22607 工作面采空区	192.5	4.7	
3号	22608～22616 工作面采空区	181.8	6.0	
4号(在建)	52302～52307 工作面			
合计		710.5		

1) 大柳塔煤矿地下水库建设总体情况

目前，大柳塔井拥有 4 座地下水库(图 5-11)，其中 2-2 煤层建成地下水库 3 座，5-2 煤在建地下水库 1 座，各水库间通过管道相通，形成了分布式多层煤矿地下水库系统，储水总量约 710.5 万 m^3；井下生产用水全部来自地下水库储水，复用水约 330m^3/h。

2) 坝体结构设计

煤矿地下水库坝体结构包括煤柱坝体和人工坝体。

根据煤矿分布式地下水库建设要求，通过实验室模拟研究和现场观测，作为安全煤柱坝体尺寸设计在 50m 以上。同时为保障煤柱坝体的防渗性和抗压性能，通过对需要加固的煤壁部位通过注浆和在外铺设一定厚度的混凝土防渗墙，并在混凝土墙内部加设工字钢等刚性材料，保障坝体结构稳定和防渗性能，煤柱坝体整体效果如图 5-12 所示。

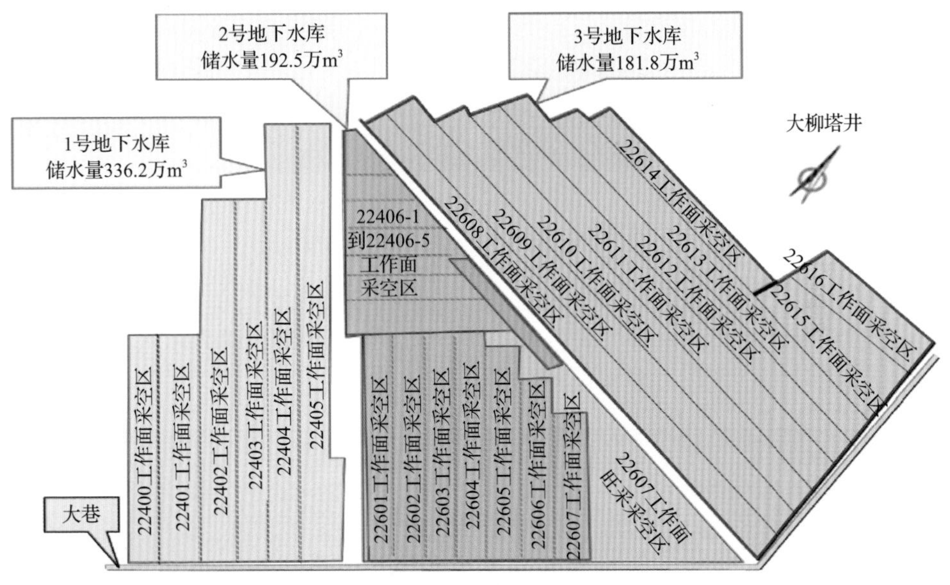

图 5-11 大柳塔井地下水库分布示意图

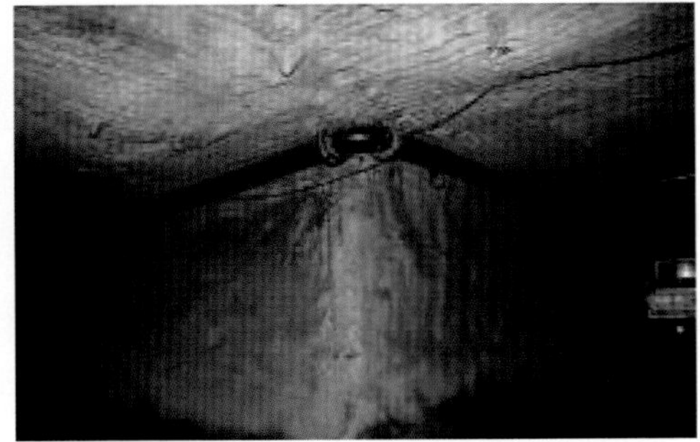

图 5-12 煤柱坝体工程

人工坝体设计为四层密闭墙，分别为砖墙、黄土加马丽散罗克休夹层、砖墙和混凝土墙。

3) 水体调运系统

在井下形成多个地下水库后，为实现水体的统筹调运，通过管道将同一水平的煤矿分布式的不同地下水库进行相通，通过库间管道阀门控制，实现了同一水平不同水库之间的水资源调度，如图 5-13 所示。

(a) 库间连通管道

(b) 库间管道控制阀门

图 5-13　同一水平的库间管道工程

在每个地下水库都设有入库管道，来自 5-2 煤层的污水注入水库高程较高位置，通过控制水量和流速等方式，利用采空区冒落岩体实现矿井污水自净化，地下水库入库(注水工程)如图 5-14 所示。

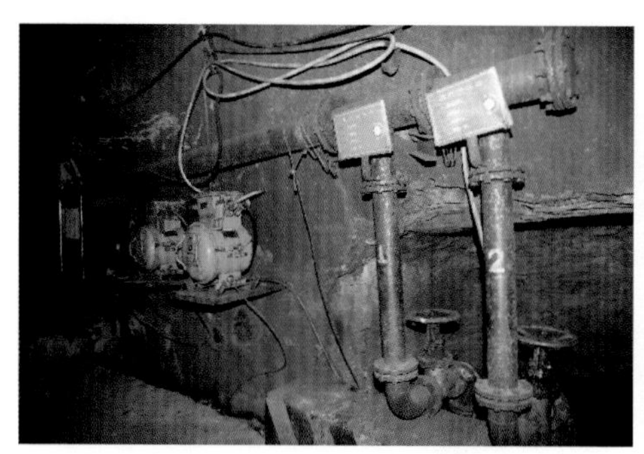

图 5-14　地下水库入库工程

为实现 2-2 煤层和 5-2 煤层的地下水库相通，通过反向钻孔，将不同水平之间的地下水库通过管道相通(图 5-15)，将 5-2 煤层首采面的污水通过水泵向上排至 2-2 煤层地下水库，通过沉淀池和小型水处理设备由注水孔进入地下水库内部，

图 5-15　不同水平间的管道连接工程

利用冒落岩体净化功能，实现矿井污水净化处理。同时，通过回灌管道将 2-2 煤层地下水库净化后的清水输送至 5-2 煤工作面，供采掘工作使用。各管道与地下水库连接处分别设有水仓作为输送水的中转站。

4) 井下安全监测系统

根据安全监测设计要求，大柳塔矿建设 6 座井下安全监测站(图 5-16)，地面水位观测孔安装 5 个。

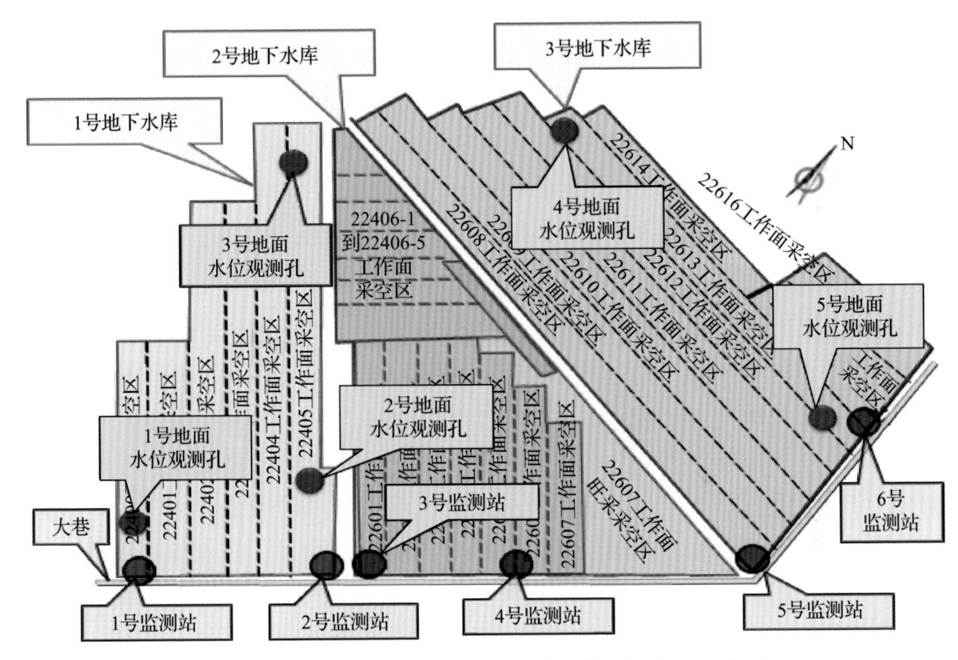

图 5-16　大柳塔矿分布式多层地下水库安全监测示意图

各个监测站均可以实现对地下水库水位、水压、进出库水量及坝体应力、应变、变形和渗漏等情况的实时监测，地面水位观测孔可以实时传输地下水库水位数据。监控中心对监测数据进行分析，掌握地下水库实时运行状态。

(四) 其他矿井水资源保护技术

1. 采煤塌陷区修建平原水库

煤炭的大规模开采，引起地面大范围塌陷，造成房屋倒塌、农田损毁、生态环境恶化等问题，严重影响人们生产、生活、经济和可持续发展。因此，如何治理与利用塌陷区是矿区生态环境保护最迫切需要解决的问题。为此，在综合治理中对常年积水的采煤塌陷稳沉区建设平原水库，是极具创新和现实意义的采煤塌陷区治理思路，具有十分重要的意义。

平原水库是指为供水、灌溉等目的，在平原地区，利用局部低洼地圈筑围堤进行蓄水的工程设施。通过利用开采塌陷形成的大面积积水区建设具有综合利用功能的平原水库，趋利避害，发挥湖泊蓄滞洪涝水、调蓄水资源的作用，提高区域防洪、除涝和水资源保障的能力，改善区域生态环境，最大限度地减少煤炭开采塌陷的不利影响。

平原水库的建设，大大减少了平原地区的地下水开采，有效地遏制了地下水漏斗区的扩展，防止了地面沉降、水质恶化的地质、环境灾害的发生。平原水库建成后，水库周边及其引水渠道两岸因水源条件改善，可栽树种草，起到防风固沙、防止水土流失、调节小气候，以及美化环境的作用。

平原水库在我国分布广泛，并且具有较大的发展前景。利用采煤沉陷地主动构建或者预构建平原水库更好地兼顾水资源与采煤沉陷地土地利用，改善沉陷区生态环境，对我国国民经济的健康发展具有重要的意义。

1）采煤塌陷区建设平原水库的基本思路

在高潜水位煤矿开采沉陷区，地表大面积积水是必然趋势。以淮南潘谢矿区为例，矿区被淮河穿过，且支流水系发育，天然洼地和湖泊众多。根据预测，2023年塌陷区积水面积为195.4km^2，占比为71%。2030年后，各沉陷积水区已开始陆续连接成片，且部分已与天然湖泊相融合，加上天然洼地，总面积约为508km^2，总库容约为15.6亿m^3。基于统筹考虑采煤沉陷区、淮河水系和生态环境治理的需要，应从资源的角度看待沉陷区洼地积水，在摸清水文过程和转化规律的基础上，根据淮南矿区地势为西高东低的天然优势，辅以水利设施规划，建设蓄水工程即平原水库工程。结合不同水平年的水资源需求预测以及蓄水工程的可供水量和其他水源情况，提出与当地经济社会发展相适应的水资源合理配置方案和蓄水工程调控管理模式；采煤沉陷区洼地改造后，需要统筹兼顾、标本兼治，协调好人、水、资源、生态环境的关系，同时开展减洪、除涝、水资源利用潜力评价，成为具有综合利用功能的蓄水源工程。

2）采煤沉陷地主动构建平原水库的建设模式

在理想的情况下，沉陷盆地能够蓄积来自地表径流、雨水、浅层地下水、矿井疏排水、丰水期引河道水等汇水量。在一定时期内，受采煤影响，沉陷盆地的范围和程度都在不断发生变化，所以沉陷盆地积水承载力在一定时期内是一个变量，其随着采煤沉陷程度的加深而增大，在沉陷盆地趋于稳定后达到最大值。将沉陷积水洼地改造建设为具有综合功能的蓄洪与水源工程，是一个具创新意义和现实意义的采煤沉陷区治理思路。

3) 采煤塌陷地建设平原水库意义

(1) 减轻洪水灾害。利用采煤塌陷地建设平原水库，可以将区域内的湖、闸与大型河流干流相连接，起到一定的减洪作用，一定程度上缓解防洪压力，减少部分蓄洪区的运用概率。

(2) 减轻区域内涝。采煤塌陷地建设平原水库，在汛期遇大水年份，河流干流的水位往往高于支流，降雨形成的内水无法自排，抢排的概率小，内涝水量大，使得洼地积水没有出路，形成“关门淹”。充分地利用采煤塌陷地设平原水库其蓄水条件，解决区域内“关门淹”问题，减轻当地的涝灾损失。

(3) 提供宝贵的淡水资源。在水资源短缺地区，建设采煤塌陷地平原水库，既可作为城乡日常生活用水源，又可作为特殊干旱期或水污染事故期间的应急水源。

(4) 改善当地生态环境。利用采煤塌陷形成的大水面、深积水区，建设平原水库和环湖人工生态湿地，在浅水区域种植美人蕉、蒲草、芦苇、荷花等湿地植物，可将工业废水经生态湿地系统进一步处理，减少进入河流干流的污染物，改善水资源质量，促进水环境的好转，增大区域水资源，提高环境容量，促进生态环境的好转。

(5) 改善区域地质环境。开采深层地下水会引起一系列地质环境问题，地下水位持续下降，超采漏斗逐年扩大，引发地面沉降。同时，因地下水超采破坏了地下水水质平衡和稳定，引起地下水水质恶化。只有控制地下水超采局面，才能避免已出现的地质环境问题进一步恶化，利用平原水库可有效补给地下水，有助于地下水水量和水质平衡。

4) 工程实例：淮南采煤沉陷区平原水库建设实践

(1) 研究区概况。淮南张集煤矿坐落于安徽省淮南市凤台县境内，距凤台县城西约 20km，区内交通便利，铁路、公路运输、水运都极为方便。该区为淮河冲积平原，地处淮河中游、淮北平原南部，区内地形平坦，整体呈西北高、东南低的地势，西淝河自东北向东南流经全境，于鲁台汇入淮河，两岸常年有积水洼地，且积水面积较大，张集煤矿是淮南矿业集团的主力矿井之一，矿井生产能力 1240 万 t/a，自 2001 年投产以来，累计生产原煤 1.4 亿 t。

(2) 平原水库的建设与实施。经过近 20 年的开采，地表逐步沉陷并产生积水，张集煤矿积水区域面积随开采逐年增加，在整个矿区的用地比例也呈上升趋势。截至 2015 年，积水面积已达到 1679.13hm^2，相比 2000 年的 774.45hm^2，积水面积已经翻倍。由于矿区范围内天然洼地多，水系分布密集，而采用井工开采方式，地下煤层群的不断开采导致地面不断沉陷扰动，矿区内部的沉陷积水区域也有相互贯通的趋势。其潜在的蓄水量相当可观，且随着后期煤炭资源的继续开发，天然洼地、自然水系、浅层地下水以及采煤沉陷积水会相互贯通，深水面沉陷积水区的存在为土地复垦工作的实施带了很大的困难，但同时也为平原水库的构建提供了前提条件。由于地面积水问题严重，从2010年开始淮南矿业集团结合矿山开采计划、地面西淝河水资源整体规划有计划地进行地面平原水库的建设。通过分析地下采掘工程平面图，选择了井下大巷保护煤柱沿线作为地面水库堤坝的预设位置，主动提前修建堤坝，在西淝河原有河堤的基础上，在河流的中下段提前预建设了两段河堤并做好了土工布防渗处理，在河堤内部则是根据开采进度的安排，逐步安排村庄搬迁—建筑垃圾清理—土壤剥离等措施。结合开采计划进行沉陷预测，优选水库坝体位置，逐步退堤的方式进行平原水库建设，同时提前将围堤内的土壤资源进行提前剥离与保护利用，通过估算5年提前剥离土壤计划可增加库容约474.66万m^3，所剥离土壤资源用于邻近浅积水区域土地复垦，按照平均充填3m计算可新增复垦土地158.22hm^2。

目前，安徽淮南、淮北以及山东济宁等地区都进行了采煤沉陷区平原水库建设的工程实践探索，均取得了较好的水资源保护与利用效果。

2. 利用废弃矿井和塌陷区建设抽水蓄能电站

1）抽水蓄能概念

我国绝大多数地区煤炭开采以地采为主，地采将地下的煤挖空后会造成地表塌陷并形成积水，同时，由于煤层开采过后会遗留下大面积的采空区，利用这一特点，可以将地表塌陷带水体作为上水库，地下绵延十几甚至几十千米的废弃巷道作为下水库，利用上下水库的势能差构建抽水蓄能电站（图5-17）。

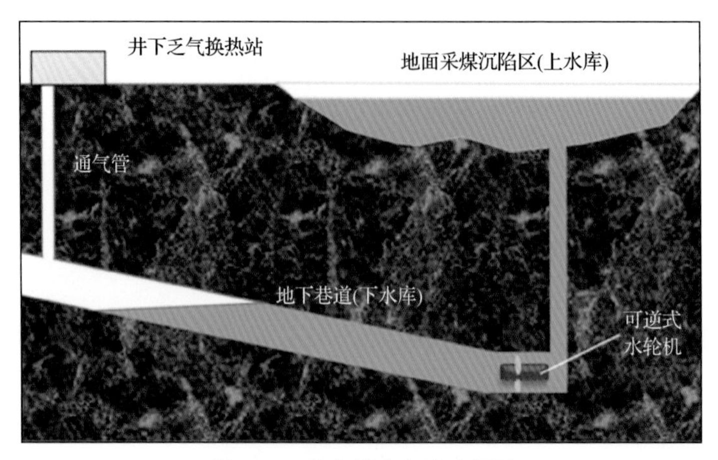

图5-17　抽水蓄能电站示意图

抽水蓄能技术已经成功运用了100多年，是目前人类大规模电能储蓄中成熟度最高、可靠性和经济性最好的技术。将废弃矿井改为抽水蓄能电站，在用电低谷时，用水泵将水从地下 300～1000m 的巷道泵送至地表塌陷地湖体，电能转化为水的势能。用电高峰时，塌陷地蓄水流入地下巷道，冲动水轮机将势能转换为电能，并输送回电网。

2) 利用采煤塌陷区抽水蓄能可行性

矿井抽水蓄能电站的建设目前完全具备可行性。废弃矿井抽水蓄能电站所需要的水轮机、水泵、输配电系统等都属于成熟技术。难点在于如何将地下巷道综合治理形成能蓄水、不坍塌、无泄漏的地下蓄水库。该技术近年来已经获得突破。2010 年，神华集团在神东大柳塔煤矿建成了首个煤矿分布式地下水库，迄今为止，累计建成 35 座煤矿地下水库，储水量达到 3100 万 m^3，是目前世界唯一的煤矿地下水库群。东部可以借鉴其经验，建立大型的储水空间，利用风能、太阳能和核能等剩余能量，矿区将水体提升到地面水库，利用有利的地下空间进行抽水蓄能。

3) 战略意义

利用采煤塌陷区水资源与废弃矿井建设抽水蓄能电站除了可以获得传统抽水蓄能电站移峰填谷、提高电网运行稳定性和经济性，以及为电网提供调频、调相、事故备用等服务外，还具有以下作用：

(1) 有助于我国沿海核电和东海风电能源带的建设。未来随着我国能源结构调整，必将在东部沿海地区自北向南建设大量核电厂，形成我国沿海核电能源带；此外东海大陆架沿线也是我国建设海上风电的首选场地，形成东海风电能源带。但是核电机组调峰能力差，风力发电又不稳定，建设上述两条能源带迫切需要大规模的储能服务作为依托。若沿山东、江苏、安徽这一条自北向南的矿井带大规模建设抽水储能电站，正好与我国核电能源带和海上风电能源带相平行，为华东地区提供城市级储能服务。

(2) 有助于我国中东部地区资源枯竭城市的转型。目前中东部地区正面临着资源枯竭，矿业产能再利用等一系列社会问题。建设废弃矿井抽水蓄能电站后，不仅将矿井水水资源与废弃矿井变废为宝，还拉动了矿业机电装备产业向电力储能产业转型、矿业迹地向新能源电站的转型。此外有了大规模储能的支持，这些城市的光伏产业、智能电网、分布式能源产业也可以趁势而起，形成一条具有矿业特色的资源转型之路。

(3) 有助于我国东部地区智能电网的建设。矿井抽水储能技术的推广，可以形成我国自东北到皖北的东部储能服务带，可以为我国京津冀、长三角等东部发达地区的智能电网建设提供储能支持。此外，以我国东部丰富的矿井资源为依托，率先在我国东部地区实现智能电网的实用化，不仅具有巨大的经济意义，还具有重要的政治意义。

利用采煤塌陷区水资源与废弃矿井改建抽水储能电站，是一项对我国未来能源产业结构调整有着巨大促进作用的新兴技术，也必将拉动一系列新兴能源产业的发展。

3. 水面光伏电站

1) 技术背景及意义

传统发电产业通过将化石能源转化为热能、动能再转化为电能，在化石能源的燃烧过程中，排放出大量的烟尘、CO_2、氮氧化物等，对环境造成巨大污染。光伏发电的原理是光电效应，能够直接获得电能，在能量的转换过程中不产生污染。太阳能是可以被人类直接利用的储量巨大的可再生能源之一。

目前，我国大规模光伏电站基本为地面光伏电站，主要建设在沙漠、戈壁、滩涂、山地、丘陵等地形条件下，采用条形基础或桩基基础等方式，以地面为支撑进行光伏组件固定。我国东部地区缺乏土地资源，无法大规模建设大面积光伏电站，这限制了地面光伏发电设备容量的增加。

目前，随着煤炭开采，截至 2014 年底，仅两淮地区就已有约 400km^2 的地面沦为塌陷区。随着两淮地区经济快速发展的过程，煤炭资源开采的强度必将越来越大，采煤沉陷范围也会随之增大。大面积的采煤塌陷区水面为光伏电站的建设提供了充足的空间。

在水面上建设光伏电站，可有效为水面遮挡阳光，减少水汽蒸发，防止水藻的大面积繁殖，提高水产养殖效益；同时，温度相对较低、通风条件较好的水面环境，能有效降低光伏组件的表面温度，提高发电效率。

2) 工程案例

(1) 安徽省淮北市濉溪县采煤塌陷区水域建设光伏发电站。近年来，淮北积极发展“渔光互补”，利用采煤塌陷区水域建设漂浮式光伏发电站（图 5-18），实现储水灌溉、光伏发电和渔业养殖的综合利用，有效改善了水质，既不占用土地资源又科学利用水面发展绿色清洁能源，提高了经济效益。

目前，在安徽省淮北市濉溪县南坪镇采煤塌陷区水域上，总装机容量为 60MW 的水上漂浮式光伏发电站初步建成并陆续并网发电。

(2) 安徽省淮南市潘集 40MW 渔光互补光伏发电。该项目为泥河 20MW 渔光互补发电项目和田集街道 20MW 渔光互补光伏发电项目，建设地点位于淮南市潘集区田集街道，总占地约 1393 亩[①]，总装机容量为 40MW，分为 16 个发电单元，包含一个水上漂浮式光伏发电研发试验基地，见图 5-19。每个发电单元由光伏组件，光伏专用浮体、汇流箱、逆变升压装置及其浮台等设备构成。光伏组件发出

① 1 亩≈666.7m^2。

的直流电经逆变器转换成交流电，以4回路35kV进线架空接入35kV开关站，再从35kV开关站以一回35kV出线接入袁庄变110kV变电站。

图5-18　安徽省淮北市濉溪县采煤塌陷区水域漂浮式光伏发电站

图5-19　安徽省淮南市潘集40MW渔光互补光伏发电站

光伏电站25年可为电网提供电量123868.8万kWh，与燃煤电厂相比，25年可节约标煤410004t，减少二氧化硫排放30750t，减少二氧化碳排放1221936t，减少碳粉尘污染278803t。

4. 基于矿井水的湿地公园

1）采煤塌陷地建立湿地公园意义

地下煤层采出，上部覆岩、覆土在重力和应力作用下发生弯曲变形、断裂、位移，导致地面塌陷下沉，而在一些地下水位较高地区，地下潜水渗入，并且在天然降水滞留、矿井水排入等因素综合作用下，形成深浅不等、大小不一的封闭式或半封闭式的塌陷水面，产生积水，其原有的生态系统消失，演变为采矿后的湿地生态环境。

在我国东部的高潜水位平原区，采煤塌陷区由原先的陆地生态系统演变为水-陆复合的湿地，并且由于持续的开采活动导致塌陷在时间和空间上不具备稳定性，采煤塌陷湿地范围及深度仍将处在变化中。长时间以来，采煤塌陷湿地存在着生态环境恶劣、地质灾害严重、大片良田荒废、矿区及周边农民失地待业、村庄搬迁矛盾重重等问题，成为影响区域自然生态环境、工农业生产、社会稳定和经济发展的重要制约因素。因此对采煤塌陷地复垦、生态环境修复、湿地景观开发具有重要意义。修建湿地公园是对采煤塌陷区水资源保护利用的一条有效途径。

2) 工程案例：徐州市潘安湖湿地公园

徐州市潘安湖湿地公园位于徐州贾汪区西南部。公园总规划面积 52.87km^2，分核心区、控制区两个层次。其中核心区面积约为 15.98km^2，外围控制区面积约为 36.89km^2，是集“基本农田再造、采煤塌陷地复垦、生态环境修复、湿地景观开发”四位一体的全省首创项目。该公园分为北部生态休闲健身功能区、中部湿地景观区、西部民俗文化区、南部湿地酒店配套区、东侧生态保育及河道景观区五个部分。

徐州市作为百年煤城，属典型的资源枯竭型地区。全区最高峰有煤矿 256 对之多，因多年煤矿开采，造成大量农田被毁，房屋坍塌，道路断裂，生态环境恶劣，塌陷地累计达 13.32 万亩。潘安湖湿地公园位于徐州市潘安采煤塌陷区，是全市最大、塌陷最严重、面积最集中的采煤塌陷区，面积 1.74 万亩，区内积水面积 3600 亩，平均深度 4m 以上。长期以来，该区域坑塘遍布、荒草丛生、生态环境恶劣，又因村庄塌陷，造成当地农民无法耕种、无法居住，绝大部分地区形成无人居住区。开发建设潘安湖湿地公园，对改善和修复当地生态环境，有效拓展徐州生态空间，促进城市转型，提升贾汪区生态环境有着重要的意义，能使采煤塌陷地变“废”为“宝”，变“包袱”为“资源”。

2008 年以来，潘安湖采煤塌陷湿地进入全面生态恢复阶段，区域生态环境得到巨大改善。长期煤炭开采造成的大量土地塌陷、民房倒塌，使潘安湖采煤塌陷湿地生态环境受到严重破坏。随着煤炭资源的枯竭，经济效益的骤减，区域经济发展缓慢，大量失地农民外出务工。在此背景下，为改变潘安湖采煤塌陷湿地区域生活环境，贾汪区政府紧抓江苏省振兴徐州老工业基地的历史机遇，提出通过“基本农田治理、采煤塌陷地复垦、生态环境修复、湿地景观开发”四位一体综合治理，有效提高区域农业生产力，改变潘安湖采煤塌陷湿地环境面貌和生态环境质量，着力培育新型产业链和经济增长点。潘安湖采煤塌陷湿地经过生态恢复（图 5-20），建成集湖泊、湿地、乡村农家乐为一体的休闲旅游度假区，形成徐州市“南有云龙湖，北有潘安湖”的生态格局，成为资源枯竭型城市转型发展的示范工程。

(a) 采煤塌陷湿地生态恢复前　　(b) 采煤塌陷湿地生态恢复后

图 5-20　潘安湖采煤塌陷湿地生态恢复对比

二、金属矿产开采水资源保护技术

我国有很多水文地质条件复杂、矿坑涌水量大的金属矿山，在开采过程中因揭露富水层而引发突水事故，不但造成严重的人员伤亡和经济损失，而且导致水资源浪费。因此，防治水技术及水资源保护一直是此类矿山采矿技术的难题。主要涉及两个方面的问题：一是如何防止地表水与采矿系统构成贯通；二是如何防止地下水含水层与采矿系统构成贯通。

合理的防治水方法必须与矿床的水文地质条件相适应，并充分考虑矿体与含水层的相互关系，以及现有的技术设备状况等因素。目前，我国金属矿山的防治水和保护水资源的手段主要是“疏”“堵”和“截”。“疏”指示疏干放水，把矿体四周含水层中的地下水放出来，使地下水位降至采矿中段以下，消除水患，安全采矿，分为全面疏干与局部疏干；“堵”就是把地下水挡在采矿影响范围之外，利用天然的隔水边界、阻水构造及弱(不)透水岩(矿)体，在适当的位置布设一定的注浆工程，采用水泥浆或化学浆液对导水裂隙、岩溶或透(导)水构造进行封堵，形成一定范围的人造隔水帷幕，最大限度地减少矿山排水；“截”是把进入采矿区域的地下水利用巷道或钻孔从含水层中引出来，或者采用防水矿(岩)柱，使地下水不能直接进入采区，无须将水位降至采区底板以下。在矿山开采过程中，防治水方法不仅是其中一种，也可以是多种方法的结合，同时一个矿床的不同水平或块段，其防治水方法也是不同的。最终目的就是要保证实现安全采矿，最大化保护矿井水资源。

(一)地面水资源保护措施

位于矿井附近或直接位于矿井以上的河流、湖泊、水池、水库等地表水，可通过一定的通道进入矿井，成为矿井充水的水源。地表水能否进入矿井，主要取决于巷道距离水体的远近、水体与巷道之间的岩层性质及构造。

地面防治水是指在地表修筑排水工程或采取其他措施，防止大气降水和地表水补给含水层或直接渗入井下，从而减少矿井涌水量，防止井下灾害事故的发生。地面防治水是保证金属矿山安全生产的第一道防线，主要是针对大气降水和地表水入渗补给，采取不同的防排水措施对地下水进行防护，降低矿山地下涌水量。地面防水措施的选择主要依据金属矿山的地形地貌、水文及气候条件进行合理选择，主要包含挖排沟洪、填塞通道、排出积水、修筑防洪堤坝、人工改变河流流向、水泥硬化铺底等。上述方法可以单独使用，若水量大时也可以几种措施相结合使用，以发挥更加显著的效果。

目前我国金属矿山地面防治水的主要措施或技术手段总结如下。

1. 井筒位置选择

慎重选择井筒位置，应尽量保证在任何情况下，井口、地面设施不至于被水淹没。

2. 堵塞通道

堵塞通道是为了防止地表有塌陷或者裂缝时，基岩或矿层的露头区、老窖和溶洞等处的积水与地下渗水通道的积水相贯通，如果发生这种情况可以使用水泥等材料进行堵塞。采矿活动引起的地表塌陷坑和裂缝、基岩露头区的裂隙、溶洞和废钻孔以及采空区等都可能成为大气降水和地表水直接或间接下渗的通道，当其位于地势较低处时，危害更加严重。实际工作中，经查明上述通道与井下构成了水力联系时，可用黏土、块石、水泥甚至钢筋混凝土将其填堵。填堵大的塌陷坑和裂缝常常是下部充以碎石，上部覆以黏土，分层夯实并使其略高出地表。

3. 挖沟排(截)洪

位于山麓或山前平原的矿区，雨季常有山洪和潜流进入矿区，淹没露天坑、井口和工业广场，或大量渗入造成矿井涌水。一般应在矿区上方，垂直来水方向修建沿地形等高线布置的排洪沟，拦截洪水和浅部地下水，并利用地形的自然坡度将水引出矿区。挖排洪沟的优势是当大气降水利用地势特征沿着金属矿山的山坡流入露天采矿场、工业广场、采矿的塌陷区等低洼处时，会发生局部地区被淹没的情况，甚至这些积水会沿着导水岩层进入地下，因此要修建排洪沟，把大量积水利用地形的优势引到矿山外。

4. 整铺河底

当河流(渠道、冲沟等)通过矿区并沿河床或沟底的裂缝渗入矿井时，可在漏失地段用黏土、料石或水泥铺砌不透水的人工河床，以制止或减少河水漏失。用水泥硬化铺底是为了一些经过矿上的河流，减少这些水体沿着河床的裂缝渗入到地下，一方面可以减少矿山事故，另一方面也可以防止河水的流失。

5. 河流改道

当矿区内有河流通过，对矿井充水有影响时，常采用河流改道措施。即在河流进入矿区的上游河段筑坝，拦截河水，用新修的人工河道将水引出矿区。人工把河流改道是为了防止金属矿山或矿山附近有河流经过，这些河流入渗强度大，严重影响到矿山的正常生产。该方案适用于河水流量小、地形适合建坝、地表易开挖地区某矿山。矿区、河流位置与筑坝改道引流方案如图 5-21 所示。

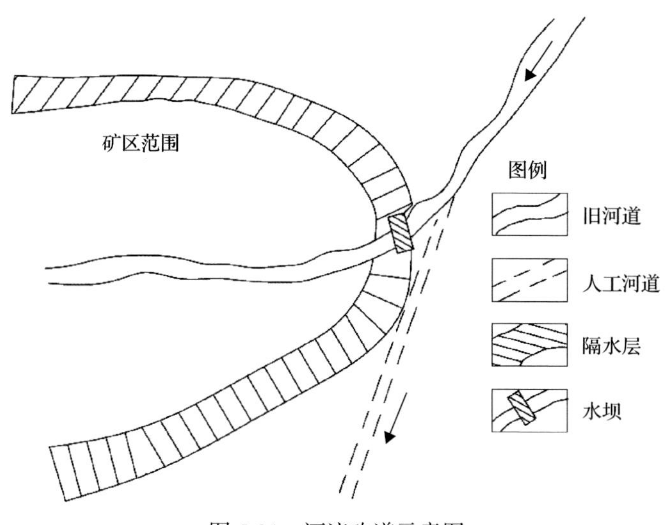

图 5-21　河流改道示意图

6. 修筑堤坝

修筑堤坝是为了预防最高洪水水位比金属矿山井口高度和在河流为隔水层但

泄洪区域下伏充水岩层的情况。

（二）井下水资源保护措施

查清金属矿山地下水源情况，必须加强地质勘查工作，通过各种探测方法精确地测量，总结矿山地下积水的运动规律，弄清表水、地下水以及大气降水等之间的复杂关系，准确判断矿山地下是否会发生透水事故。现在有许多要进行资源整合的矿山主要采取的是先关闭再整合的措施，仔细核查矿山内的老井、采空区、集水区的详细情况，制订合理的管理方案指导生产工作。井下防治水的措施主要有以下几种。

1. 超前探防水

超前探防水在金属矿山生产中是非常有必要的。地下情况复杂，经常在工作生产中会发生突发情况，因此工作人员必须遵循“有疑必探”“先探后掘”和“有掘必探”的原则进行防护，降低突水风险。

2. 疏放地下水

疏放地下水是指利用钻孔或者放水井巷进行放水。金属矿山生产时有时会遇到溶洞性的石灰岩和非常坚硬的含水岩层，它们的出水量都很大，这些地方都可以选用钻孔的方式来缓解水害。疏放地下水是防治矿井水灾害的积极措施，包括采空水的探放、矿床顶板水的疏放和矿床底板水的疏放。从而把地下水水位降低到安全水位以下，或者予以疏干，实现矿井安全生产。

3. 留设防水矿柱

留设防水矿柱是为了防止地下水渗入到生产工作面。防水矿柱指的是不进行开采的矿层。在容易受到水害的矿层，为了使工作面和水体保持安全的距离，工作人员就会留出一定体积的矿层不进行开采，这些矿层起到堵塞地上、地下各种水源通道的作用。要想确定防水矿柱的具体尺寸必须综合考虑各种实际情况，如图 5-22 所示。在受水害威胁的地段，预留一定宽度和高度的矿层不采，使工作面和水体保持一定的距离，防止地下水溃入工作面确保井下安全生产。

4. 修筑水闸墙

修筑水闸墙是为了把有害水源和工作区域分开。在金属矿山地下每个开采段结束工作后，不再进行防护，都有可能发生水害，因此要修筑水闸墙。一般是在某个区段开采结束后，隔绝有继续大量涌水可能性，砌筑一种永远封闭的挡水建筑，通常由混凝土或钢筋混凝土修筑，如图 5-23 所示。

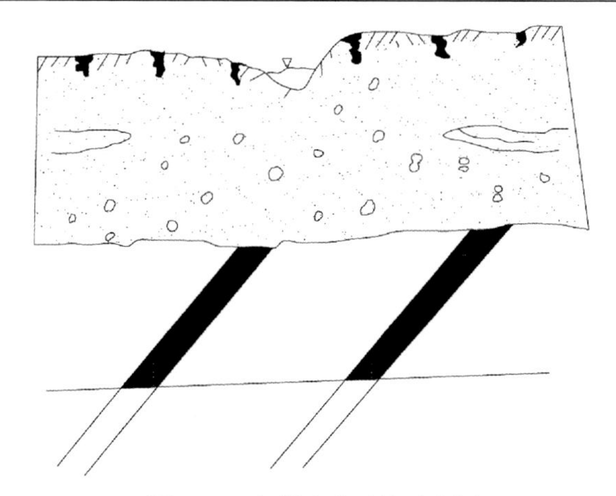

图 5-22　留设防水矿柱示意图

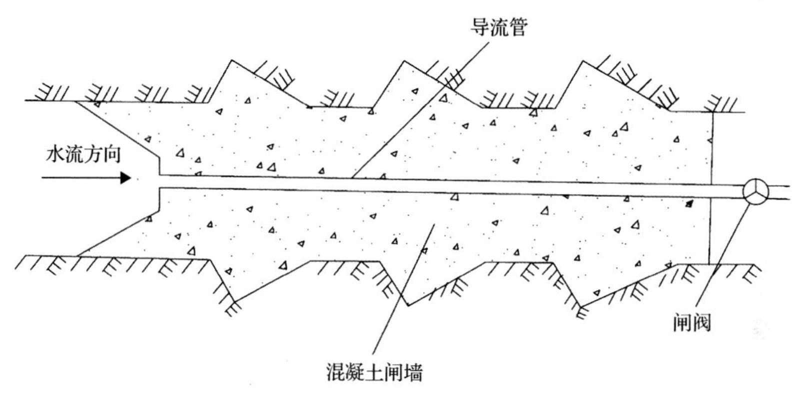

图 5-23　水闸墙示意图

5. 设置防水闸门

设置防水闸门是为了把水害控制在一定的范围内，确保其他地方安全，如图 5-24 所示。金属矿山的地质条件复杂，在水泵房、变电所和极易发生水害的地方都应安装防水闸门。一般设置在可能发生突水需要堵截而平时仍需运输和行人的巷道内，如井下水泵房、变电所的出入口及受水害威胁地段的通道处。防水闸门主要由混凝土闸墩、门框及门扇等组成。

6. 注浆堵水

注浆堵水是为了防止含水层和其他的水源贯通。注浆堵水的原理是使用注浆设备将注浆材料以浆液的形式挤入岩石孔隙和裂缝中，达到工作面和水源隔绝的目的。注入浆液不仅可以提高巷道的工作条件，还可以维护巷道壁。将浆液压入地层空隙，时期扩张、凝固硬化后，起到堵、截补给水源或加固地层的作用。如果突水点已知，且水量不大，在源头(含水层)直接注浆封堵出水点。如果水量很大，难以堵水注浆，则封堵巷道，例如上下顺槽、石门等，用于大水淹井后复矿。

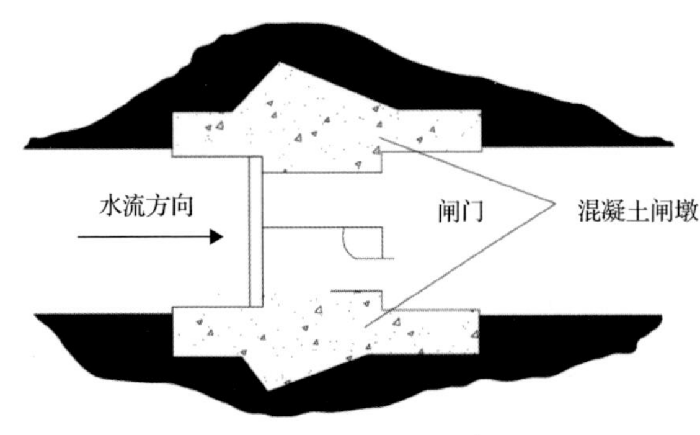

图 5-24　防水闸门示意图

(三)金属矿山防治水案例介绍

金属矿山水资源保护往往不是采用单一的手段，而是多种措施综合治理。下面介绍一些我国金属矿山水资源保护的案例。

1. 案例一

山东金岭铁矿历经几十年的开采，由于各矿床水文地质研究程度的不同，其水资源保护方法也有所不同。其铁山矿床作为最早开采的矿山，由露天开采转入坑内开采，采矿水平由上而下逐级开采，水资源保护工作也由浅部的全部疏干到深部的下层局部疏干，即由于浅部矿体的顶板石灰岩多为上层石灰岩强含水段，必须进行疏干降水。而深部由于岩溶裂隙发育程度的减弱，石灰岩靠近矿体处，存在有一定厚度的弱透水段(也称下层灰岩)，只需疏干这一层地下水即可安全采矿。1997 年铁山矿床成功闭坑，上层石灰岩水位仍高于采矿水平 60 余米，并作为矿区的主要生活水源。北金、召北矿床采取了“下层疏干、带压采矿、辅以堵截”的综合水资源保护方法，把矿床分为三个块段，即东部块段，在矿体端部留设适当矿柱，截住上层灰岩水，不使其直接进入坑道；中部地段，对上层石灰岩，利用两端的闪长岩体边界，进行“水平帷幕”注浆方法，人为造成隔水层，把石灰岩分成上下两层，只对下层石灰岩进行局部疏干，对上层石灰岩水不疏干，而带水压采矿；西部块段，根据石灰岩透水性上强下弱的特点，利用“两层水”理论采用“下层局部疏干”的方法进行开采。该方法自 20 世纪 80 年代初实施以来，至今采矿水平已到–370m，而上层石灰岩水位仍位于–240m 以上，实现了安全采矿。20 世纪 60 年代，侯庄矿床因水大而延缓投产，80 年代利用“两层水”理论对矿床水文地质条件重新分析并进行了基建水文地质勘探，分别对矿床内 9 个双层观测孔和6个基建勘探孔矿体顶板以上80m内石灰岩进行了分段压水试验，发现了矿体顶板以上石灰岩中存在平均厚度约70m的不透水(弱透水)段，为矿床开采采取“以探为主，局部疏干”的治水方法提供了可靠的依据。该矿床自1992年投产至今，开采水平–280m，而上层石灰岩水位–120m。矿坑排水量保持在4000m^3/d左右。

2. 案例二

江西新庄铜铅锌矿水文地质条件复杂，经分析及研究采取“以堵为主，以疏为辅，疏堵结合，地表井下联合治理”的综合水资源保护措施，着重避开富水性强的外石灰岩对采矿的影响。一方面，采用留设保安矿柱、主岩柱补强、上向水平分层充填法采矿保护主岩柱的隔水性能。另一方面，利用注浆帷幕堵截外石灰岩地下水向矿坑的径流通道，生产、基建过程中探放水、封闭不良钻孔预防采矿过程中的突水现象，消除矿山突然涌水的可能性。另外，建立了矿山地下水位观测系统监测矿坑周围地下水位，确保内石灰岩地下水位降至开采标高以下，实现安全开采保护水资源协调。

3. 案例三

安徽徐楼铁矿矿坑涌水量大、水文地质条件复杂，为一典型的平原浅埋岩溶大水金属矿山。徐楼铁矿石楼一矿带井下近矿体帷幕注浆堵水加固工程分为前期工程和后期工程。前期工程主要是布置穿脉水平帷幕注浆工程，封堵了矿体顶板及围岩含水层内较大的导水构造裂隙。后期工程主要是布置横向加密注浆工程，封堵了次生及细小的导水裂隙和未充填满的岩溶裂隙。该工程的实施取得了良好的注浆效果，帷幕堵水率高达94%。通过实施井下近矿体帷幕注浆工程，最大矿坑涌水量(–100m水平)从44361m^3/d降至2500m^3/d，最大钻孔涌水量由大于200m^3/h减至小于5m^3/h，钻孔总注浆量由20279t减至908t，单位钻孔注浆量由0.591t/m减至0.086t/m，均有明显的减小。随着矿坑涌水量减少，矿区地下水位逐步回升，相应的地下水水压加大，导致注浆终压增大。同时，已采矿房基本上无渗水、淋水现象，顶板稳定性较好，地下水位逐步恢复到了开矿以前的水平，矿体顶板围岩没有发生明显变形，地面沉降现象得到有效缓解和控制。此外，也避免了因疏干排水而引起的一系列水资源和地质环境问题，产生了巨大的社会效益和经济效益。

4. 案例四

安徽白象山铁矿水文地质条件复杂，地表水系十分发育。如图5-25所示，在–470m中段，风井向北的石门掘进距风井中心84.30m处，于2006年8月28日发生突水，瞬时最大水量为 928m^3/h，造成井巷被淹。初步分析，突水是巷道已接近 F_4 导水断层所致。为确保铁矿建设工程安全实施，该矿利用地面定向钻进手段进行帷幕注浆，在地面布设 2 个钻孔，即 1 号孔和 2 号孔，钻孔终点分别落在距巷道掘进工作面 9m 和 2m 附近，对巷道进行注浆，使之形成坚固可靠的挡水墙，以防止对断层注浆时浆液沿巷道流失。并利用前端的一个钻孔向工作面前方的断层带打一个分支孔 2′，落点进工作面前方 2～3m 对断层带进行注浆，在巷道前方、巷道周围形成可靠的隔水帷幕，确保巷道安全通过，取得了很好的效果。此外，为保证巷道安全穿过断层带，在巷道与断层带交汇地段进行了注浆，在巷道四周形成了具有足够阻水能力的防水帷幕。

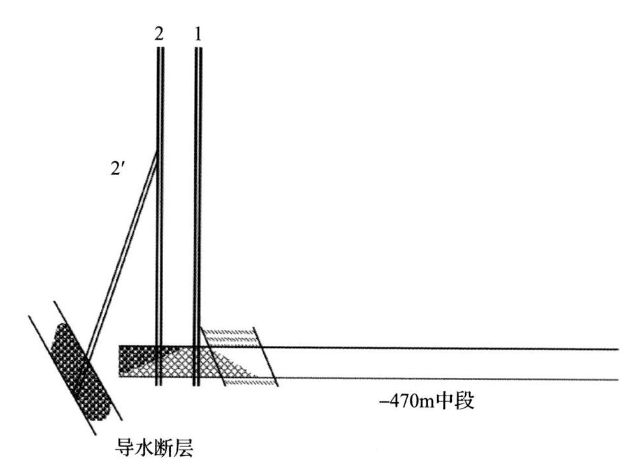

图 5-25　安徽白象山铁矿地面堵水原理剖面

5. 案例五

湖北大红山铜铁矿为岩溶充水型矿，水文地质条件复杂，–270m 中段矿坑涌水量达 15676m^3/d 以上。大红山矿由于–200m 标高以上矿体民采的巷道纵横密布，多次引发突水事故，造成地面塌陷，破坏鱼塘、农田和铁路。另外，矿体绝大部分位于侵蚀基准面以下，矿坑涌水量较大，给矿山安全生产带来重大隐患。基于此，该矿山进行了矿区水文地质条件研究，并在此基础上进行了工程幕址勘察、帷幕注浆方案详细设计和实施。该矿将注浆钻孔布置在地下水流向的上游，以截断地下水的通道。注浆后帷幕的透水率显著减小，注浆帷幕堵水效果明显，帷幕注浆的质量较好，可发挥显著的截流作用，完全达到了帷幕注浆的目的，为矿山今后安全生产打下了坚实基础。

6. 案例六

河北南李庄铁矿位于岩溶地区，水文地质条件复杂，是典型的大水岩溶矿山。

该铁矿针对–20m 马头门掘砌过程中发生的突水事故，采取了一系列防水技术措施：①掘砌面预注浆。在竖井、马头门和平巷掘砌前，都要进行工作面预注浆，而且采取钻孔、注浆、扫孔、再注浆的循环注浆方式，强化注浆质量，封堵溶洞及裂隙。2011 年 11 月，主井在–60m 下掘前，进行了近一个月的下掘面预注浆工作。同年 12 月井筒下掘时，井壁几乎无淋水，注浆效果明显。②特殊岩层加倍预注浆。–20m 马头门掘砌前进行了预注浆，但是仍发生了涌水。据矿山初步设计资料和–20m 马头门掘凿揭露围岩情况分析，–20m 涌水类型为奥陶系碳酸盐岩类构造岩溶裂隙含水层层间水，围岩蚀变主要为大理岩化和绿泥石化，埋深大、水力梯度大，各含水层间水力联系较好，径流通畅补给充足。因此，在特殊岩层，在注浆圈外侧再增加一圈注浆孔，采用三角形布孔，加大注浆厚度，强化注浆质量，确保了特殊岩层掘进安全。

第六章　矿井水处理利用工程科技发展现状

一、煤矿矿井水处理技术

(一)高悬浮物矿井水处理技术

1. 常规处理技术

高悬浮物矿井水常规处理技术以去除矿井水中细小悬浮物颗粒和胶体污染物质为主，处理工艺可满足简单回用要求，同时又是矿井水深度处理和零排放处理的预处理技术，是目前煤矿企业处理矿井水应用最多的工艺技术。工艺环节主要包括：预沉调节、加药、混凝、沉淀和过滤等过程，工艺流程如图 6-1 所示。

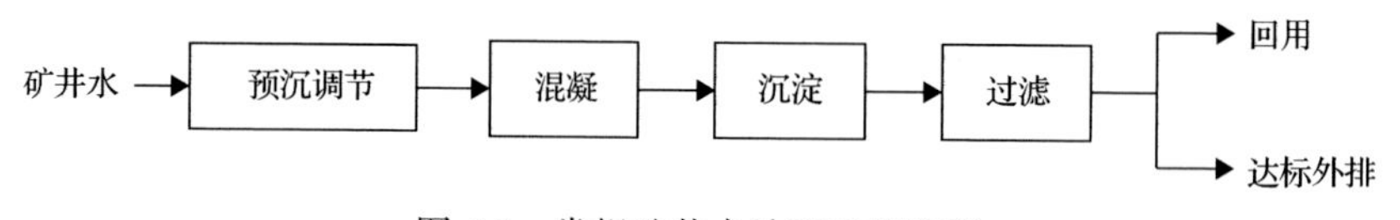

图 6-1　常规矿井水处理工艺流程

预沉调节：煤矿井下来水水质、水量变化较大，悬浮物含量高，预沉调节池起到了均质均量与初步沉淀作用。

混凝：通过投加混凝剂使水中难以自然沉淀的胶体物质以及细小的悬浮物聚集成较大颗粒的过程称为混凝。矿井水混凝阶段所处理的对象主要是煤粉、岩粉、黏土等悬浮物及胶体杂质。这些悬浮物具有粒径差异大、密度小、沉降速度慢等特点，所以在处理过程中必须使用混凝剂促使粉粒形成较大颗粒沉降。

沉淀：靠重力作用将颗粒物与水分离开的过程。矿井水处理过程中，对原水中较大较重的颗粒，无须添加药剂，可直接通过预沉池处理。而对于粒度较小的煤粉等必须加药剂混合絮凝沉淀，目前矿井水处理常用的沉淀池有平流沉淀池、斜板/斜管沉淀池、辐流沉淀池、高效沉淀池。

2. 强化处理技术

强化处理技术是在原有常规处理技术的基础上，利用添加介质、合并工艺等技术手段，加快矿井水悬浮物的沉降速度，缩短沉降时间，并实现工业场地占地小，悬浮物含量去除率高的一种技术方法，主要有高密度沉降技术(重介速沉)和超磁分离两种技术。

1) 高密度沉降技术(重介速沉)

通过加入高密度介质(微砂)，同时进行加药，使矿井水中的悬浮物形成大的絮凝体，较大的絮凝体具有大的密度和半径，增加了沉降速度，在相同处理量的条件下，沉淀池体积可以大为减小，特别适合用于井下处理。设备高密度沉淀池集混合区、反应区、沉淀区于一体，前端混合区高密度介质的外循环不仅保证了搅拌反应池的固体浓度，还提高了悬浮物的絮凝能力，使形成的絮凝体更加均匀密实。末端采用斜板沉降，同时回收污泥中的重介质，极大地提高了混凝沉淀作用和处理效果。

高密度沉淀技术具有处理效率高，设备占地小，处理效果稳定等优点，对于矿井水井下处理具有广泛的应用前景。

2) 超磁分离技术

超磁分离水体净化技术将絮凝、沉淀和过滤工艺结合在一起，不需要借助于重力沉降，而是通过永磁铁的强磁力吸附去除磁性悬浮物。对于水中悬浮物本身不带磁性的，超磁分离水体净化技术则是通过向水中投加磁种、混凝剂和助凝剂，通过絮凝过程赋予絮体以磁性，通过超磁分离机实现絮体和水的分离。该技术能加快了整体处理速度，磁种通过回收系统循环反复使用。超磁分离技术如图 6-2 所示。

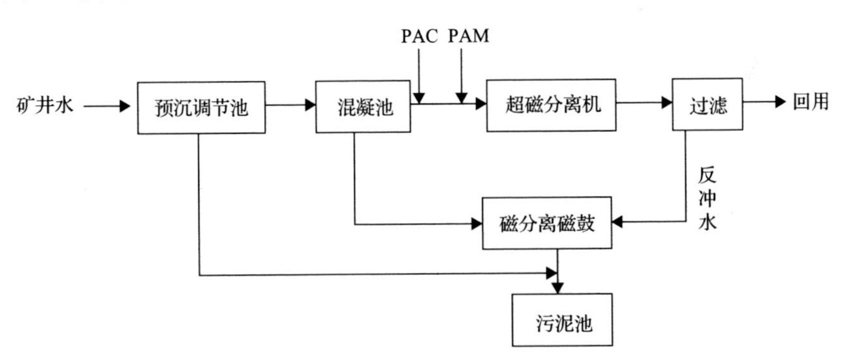

图 6-2　超磁分离技术路线图

PAC-聚合氧化铝；PAM-聚丙烯酰胺

磁种作为絮体的“凝核”，强化并加速了絮体颗粒的形成，同时磁种赋予了絮体磁性，絮体在磁场作用下分离，加快了絮凝速率并减少了所需投加的药剂量。

3. 煤矿地下水库采空区净化技术

煤矿地下水库采空区净化技术是利用煤矿地下水库进行矿井水储存、净化与利用的保水开采理念，即通过工作面区段煤柱、人工坝体等构筑物形成封闭空间，充分利用采空区冒落岩体的空隙、裂隙与离层空间对矿井水进行储存与调用，并利用地下水库冒落岩体对矿井水进行过滤、沉淀、吸附、离子交换等净化处理，实现矿井水的处理储存。据此，神东矿区通过开展一系列水资源保护和利用技术研究，相继研发了采空区储水设施、煤矿地下水库和煤矿分布式地下水库的水资源保护和利用技术，形成了以煤矿地下水库为核心的矿区水资源保护和利用技术，并通过技术提升，建成了大柳塔矿分布式地下水库示范工程，实现了矿井水井下循环利用。

与高密度沉降技术和超磁分离技术不同，采空区过滤技术不需要专门的水处理设备和药剂，仅利用煤炭开采过程形成的采空区进行矿井水过滤去除悬浮物，该技术不仅处理成本低，而且不会形成二次污染。目前大部分井工矿都采用全部垮落法处理顶板，煤层的上附岩层主要由砂质泥岩、粉砂岩、细砂岩和中砂岩组成。采空区的填充物主要是煤层顶板和少量残煤，在开采扰动和重力作用下，填充物形成密实的高孔隙率的岩石滤体。将含悬浮物的矿井水从采空区水平标高较高的地方注入采空区后，在重力作用下水体渗透过填充物流向低洼处，悬浮物被截留，从而实现悬浮物的去除，并与水中的钙镁离子进行吸附交换，降低水的硬度。

4. 高悬浮物矿井水主要处理技术对比

前面介绍了几种主要的高悬浮物(suspended solids，SS)矿井水处理技术，现将各技术的主要技术参数进行对比，详见表 6-1。

表 6-1　高悬浮物矿井水主要处理技术对比

名称	传统絮凝沉淀技术	超磁分离技术	高密度沉降技术	地下水库技术
工艺简介	在水中投加混凝剂和助凝剂，胶体及分散颗粒在分子力的相互作用下生成絮状体沉降下来	在投加常用絮凝剂和助凝剂的同时，向水中投加磁种形成磁性絮体，通过磁力吸附去除絮状体	在投加常用絮凝剂和助凝剂的同时向水中投加微砂形成高密度絮体，使得絮体加速沉降	利用井下采空区内的破碎岩体和残煤的过滤、吸附和交换作用来净化
水处理功能	去除悬浮物、COD	去除悬浮物、COD	去除悬浮物、COD、油	去除悬浮物、COD、油、部分离子
进水悬浮物	SS≤600mg/L	SS≤1000mg/L	SS≤1500mg/L	目前无规定
产水悬浮物	SS≤80mg/L	SS≤20mg/L(不稳定)	SS≤20mg/L	SS≤20mg/L
产水二次污染	产水无二次污染物	产水有磁粉氧化后二次污染水质	产水无二次污染物	产水无二次污染物
加药量	PAC(100～120ppm)，PAM(2ppm)	PAC(70～80ppm)，PAM(2ppm)，磁种(15ppm)	PAC(50～60ppm)，PAM(0.5～1ppm)，重介质 50kg/d	无药剂

续表

名称	传统絮凝沉淀技术	超磁分离技术	高密度沉降技术	地下水库技术
自动化控制	(1)自动化程度低； (2)絮凝、沉淀单元集成于一体	(1)可实现自动控制； (2)超磁设备、磁回收设备、磁种回收设备等较分散	(1)可实现自动控制； (2)絮凝单元、沉淀单元、微砂回收单元集中于一体	可实现自动控制
技术特点	(1)进水 SS≤600mg/L 时，能取得较好的出水水质，进水 SS≥600mg/L 时，出水中悬浮物含量较高，耐水质波动冲击负荷较低； (2)无电耗； (3)初期投资较低，运行费用相对低，但药剂费用较高； (4)占地面积大	(1)进水 SS≤1000mg/L 时，能取得较好的出水水质，进水 SS≥1000mg/L 时，出水中悬浮物含量较多，耐水质波动冲击负荷较低； (2)磁种回收率较低，一般为 95%左右； (3)初期投资较低，设备运行费用相对高； (4)占地面积小	(1)出水水质好，耐冲击负荷高，悬浮物在 3000mg/L，也能保证出水 SS≤30mg/L，运行故障率低； (2)微砂回收率高，一般为 99%左右； (3)初期投资较高，设备运行费用较低； (4)系统启动快	(1)不占用地面空间； (2)进水水质要求宽松，尚无规定； (3)出水水质好，耐冲击负荷高，能保证出水； SS≤20mg/L，运行故障率低； (4)投资费用低，设备运行费用极低； (5)对应用条件要求高
日常运行	(1)对水质适应性相对较低，运行管理要求较烦琐； (2)加药量相对大，工人劳动强度较高	(1)对水质适应性相对较低，操作人员技能要求高，能够应对水质波动异常情况； (2)加药量相对较大，工人劳动强度较高	(1)系统开机、关机方便，控制简单，抗水质和水量冲击负荷较高，运行管理便利； (2)加药量较小，工人劳动强度相对较低	(1)控制简单，抗水质和水量冲击负荷较高，运行管理便利； (2)无需加药，可实现无人值守
应用情况	在煤化工行业及化工行业广泛应用，近几年因占地面积大、处理效果一般，已被新工艺技术逐渐替代	在钢铁、化工行业等广泛应用，煤炭采煤废水领域的应用效果一般	在市政、化工行业应用广泛，近几年在重点大中型煤矿行业推广应用，处理效果好	在少数大型煤矿推广应用，处理效果好
成本/(元/m^3)	1.3～2.0	0.9～1.5	0.7～1.2	0.1～0.3

注：ppm 即百万分之一。

5. 典型工程案例 1：灵新矿井下高密度沉降处理

国家能源集团宁夏煤业集团灵新煤矿井下矿井水处理站由预沉调节池、水处理硐室等井下设施组成。新建灵新煤矿井下矿井水处理站设计处理能力为 800m^3/h。处理后水质达到《煤炭工业污染物排放标准》(GB 20426—2006)。

主要工艺流程见图 6-3。矿井水经巷道内沟渠集水后，汇集至进水渠内经机械格栅去除大颗粒物质后进入预沉调节池，经过预沉调节池处理的水由提升泵提升至高密度高效沉淀水处理设备，混凝区和反应区通过投加混凝剂(PAC 和 PAM)和微砂，使悬浮物在较短时间内形成以微砂为载体的微絮团。在絮凝后，水进入沉淀段的底部向上方流动，通过高密度斜板增加絮凝颗粒沉淀面积，出水由集水渠收集后通过重力流入水仓。污泥循环泵连续抽取沉积在设备沉淀区储泥斗中的泥水混合物，把微砂和污泥输送到泥沙分离器中。从污泥中分离出来的微砂直接投加到混合池中循环使用，污泥从分离装置上部溢出排往污泥池。

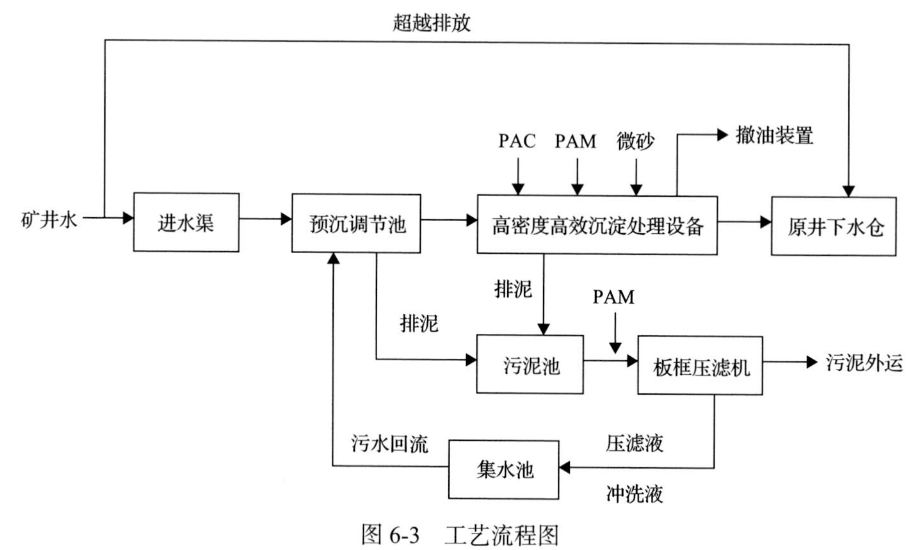

图 6-3　工艺流程图

高效澄清池采用高效增强沉淀装置，能够达到更好的混凝沉淀效果，能自动定时排泥，配套自控系统，运行灵活且便于管理，能够根据进水水质、水量的不同，对工艺参数和操作进行适当调整。此外，还利用了井下采空区直接排泥，节省了压泥系统及煤泥处置费用，起到回填采空区减缓沉陷的效果。

该项目运行稳定，对水质、水量及水温的变化适应能力较强，能够保证出水水质。所选工艺技术先进，占地面积少，投药量小，运行费用低。该项目自投入运行以来，全系统运行稳定，每年节约费用约 281 万元，其中节约污泥压滤费用 30 万元，清仓费用 230 万元，主排水泵维修费 15 万元，采暖费 6 万元。

6. 典型工程案例 2：大柳塔矿煤矿地下水库净化

大柳塔煤矿第一个采空区储水设施于 1998 年建成，在采空区储水技术的基础上，通过持续技术创新，2010 年在两个水平联合建成了充分利用采空空间储水、采空区岩体对水体的过滤净化、自然压差输水的“循环型、环保型、节能型、效益型”的煤矿分布式地下水库，具有井下供水、井下排水、矿井水处理、水灾防治、环境保护和节能减排 6 大功能。

大柳塔矿一水平 2-2 煤层和二水平 5-2 煤层，层间距为 155m，目前 2-2 煤层已经采完。利用2-2煤层已采的三个盘区采空区建成了三座地下水库，5-2煤层建成了两个水循环利用硐室，4号地下水库在5-2煤层正在建设，2层煤通过多个钻孔连通，清水通过钻孔管道自流供下层煤生产使用，2层煤的污水通过六个注水点全部回灌到2-2煤层采空区，循环利用。大柳塔煤矿地下水库工程系统主要由一水平2-2煤层三座地下水库、二水平5-2煤层两个水循环利用硐室、六个污水回灌点和相关的钻孔及水循环利用水泵管道设施等组成，实现了层间距为155m的两个水平的互连互通，建成了污水注入上层煤采空区、清水自流下层煤供生产利用的循环系统，形成了完整、庞大、具有立体空间网络的煤矿地下水库工程系统。

目前地下水库污水日回灌量约9790m^3，经地下水库岩体沉淀过滤吸附净化后供井下生产和地面生产、生活使用，井下清水日均复用水量约7770m^3，地面日均使用水量约4500m^3，其余水储存于地下水库备用，地下水库现有总储水量约710.5万m^3。

大柳塔井下生产用水全部由煤矿地下水库提供，节省了生产用水费用，同时生产污水零升井节省了污水外排费、污水处理费、人员费用、管路维修折旧费等近6000万元/年。经济效益计算见表6-2。

表6-2　大柳塔矿地下水库经济效益

项目	节省成本/(万元/年)	备注
生产用水费	4454.1	井下生产用水全部取自井下水库，不需地面供应清水
污水处理费	362.8	目前大柳塔井井下生产污水正常产生量为476m^3/h左右，处理费用0.87元/m^3
污水外排费	110.8	每年可节省排水电费约110.8万元
人员岗位费	591.3	每年可节省泵房、管路维护人工费用约591.3万元
管路维修和折旧费	450.0	管路简化后节省管路维修、折旧费用450万元
合计	5969.0	

因不需要地面向井下生产供水，每年可节约生产用水170万m^3，同时采空区清水可通过其自流系统排至地面水深度处理厂，为矿区生产、生活提供水源，缓解了神东矿区水资源短缺的紧张局面，为矿区年生产规模不断扩大提供了必要的水资源支撑。

(二)高矿化度矿井水处理技术

高矿化度矿井水处理工艺包括预处理和深度处理，预处理目的是去除矿井水中的悬浮物和硬度，主要技术与高悬浮物矿井水处理技术相同。而深度处理包括脱盐浓缩和蒸发结晶工艺，其中脱盐浓缩技术是核心。

1. 高矿化度矿井水预处理工艺

高矿化度矿井水中除矿化度外，通常含有悬浮物，此外部分矿井水硬度较高。因此，通常采用混凝沉淀与软化工艺对高矿化度矿井水进行预处理。混凝沉淀工艺与高悬浮物矿井水处理相同。软化工艺是为了减少后续除盐工艺中膜的结垢污染问题，主要有药剂软化和离子交换软化，达到去除矿井水中的钙、镁离子和硅的目的。目前矿井水基本采用药剂软化，即通过投加石灰和碳酸钠与水中的钙、镁离子反应，使其生成碳酸钙、氢氧化镁沉淀而从水中去除，出水硬度可以达到1mmol/L 以下。

2. 高矿化度矿井水脱盐浓缩技术

脱盐浓缩工艺目的去除预处理后矿井水中的无机盐，实现水回用，同时提高浓水含盐量以后续蒸发工艺的投资和运行成本降低。高矿化度矿井水浓缩处理主要有膜法和热法两大类脱盐浓缩技术。

膜法主要包括反渗透、电渗析、纳滤和新兴的双极膜电渗析等技术。热法主要包括低温多效蒸发、多级闪蒸和新兴的膜蒸馏等技术。

1) 反渗透技术

反渗透(reverse osmosis，RO)是对膜一侧的矿井水施加压力，当压力超过其渗透压时，水分子会逆着自然渗透的方向作反向渗透，从而在膜的低压侧得到透过的淡水，高压侧得到截留的浓盐水。反渗透主要采用苦咸水淡化膜(brackish water reverse osmosis，BWRO)和海水淡化膜(sea water reverse osmosis，SWRO)进行脱盐，主要采用卷式膜元件，其构造如图 6-4 所示。反渗透技术工艺成熟，已广泛应用于煤矿高矿化度矿井水、电厂脱硫废水和煤化工高盐废水处理，系统

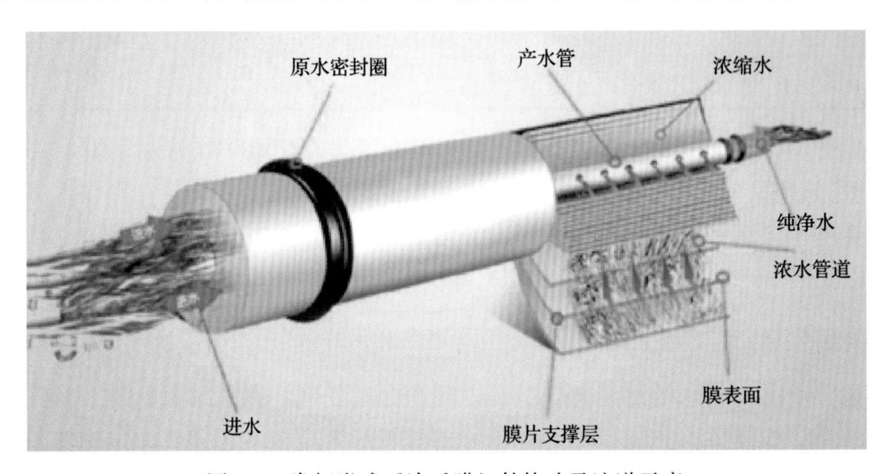

图 6-4　常规卷式反渗透膜组件构造及流道示意

简单，易操作、控制和维护。

碟管式反渗透(DTRO)和震动反渗透是近年新发展的两种反渗透形式，近年来逐渐被应用到高矿化度矿井水浓缩处理领域。目前，反渗透是高矿化度矿井水资源化处理的主要技术和主体工艺，典型的工艺包括BWRO+SWRO和BWRO/SWRO+ DTRO等。

2)电渗析技术

传统电渗析(electroosmosis，ED)是在外加直流电场作用下，以电位差为推动力，利用离子交换膜的选择透过性，实现离子从水中分离的一种物理化学过程。利用电渗析法可把电解质从矿井水中分离出来，实现高矿化度矿井水的淡化、浓缩的目的。电渗析技术处理水的含盐量较低或较高时，经济性较差。近年来，在高矿化度矿井水处理中用到的典型电渗析工艺有微滤-电渗析和混凝-电渗析工艺。

双极膜电渗析是在传统电渗析技术上发展起来的，其核心是双极膜(bipolar membran，BPM)。双极膜是一种新型的离子交换复合膜，通常由阳离子交换层(N型膜)、界面亲水层(催化层)和阴离子交换层(P型膜)复合而成，在直流电场作用下，可将水离解，在膜的两侧分别得到氢离子和氢氧根离子(图6-5)。利用这一特点，将双极膜与其他阴阳离子交换膜组合成的双极膜电渗析系统，能够在不引入

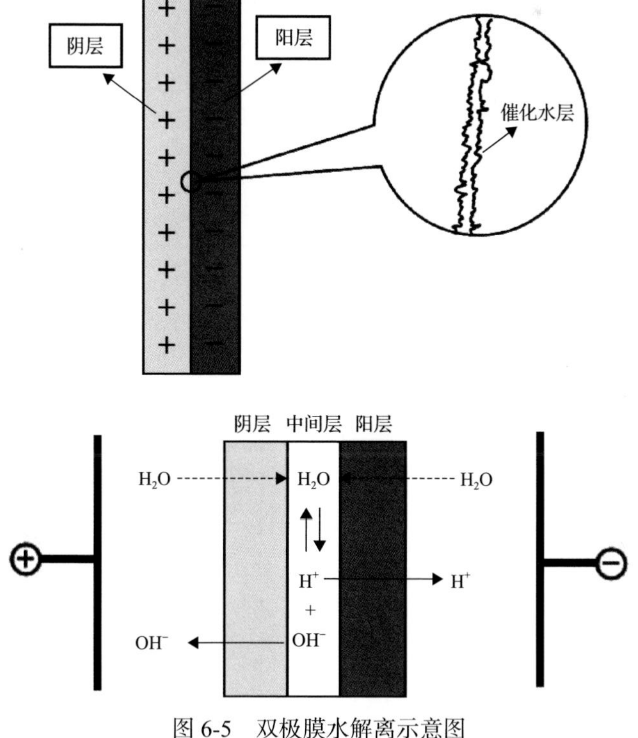

图6-5　双极膜水解离示意图

新组分的情况下将矿井水中的盐直接转化为对应的酸和碱，从而达到矿井水脱盐，同时制酸碱的目的，实现矿井水的资源化利用和零排放处理。

3）纳滤技术

纳滤（nanofiltration，NF）是介于反渗透和超滤（ultrafiltration，UF）之间的一种压力驱动的膜分离过程。由于纳滤膜具有孔径筛分和静电排斥两种效应，使其具备特殊的离子选择透过性，其膜元件构造与反渗透膜元件相同。纳滤工艺具有保留有益离子、低压操作、高渗透性和对微量有机物去除效果优异等特点，相比反渗透技术，在饮用水净化方面已显示出一定优势。山西汾西某矿采用常规处理工艺（混凝、沉淀以及过滤消毒）结合纳滤工艺使矿井水（TDS 为 1300mg/L）出水达到饮用水水质标准，是纳滤适度脱盐技术在矿井水净化中的成功案例。但是，在高氟、高氮矿井水中，纳滤作为净化终端技术仍存在一价离子（NO_3^-、F^-等）超标风险。

4）膜蒸馏技术

膜蒸馏是以疏水膜两侧蒸汽压力差为驱动力的分离技术，具有脱盐率高、成本低、操作简单等特点，工作原理见图 6-6。地热能作为一种可再生的新能源已被明确列入国家新能源鼓励范围。随着我国浅层煤炭资源的逐步减少，深部开采煤矿逐年增多，其蕴含的地热资源可以作为膜蒸馏工艺所需的潜在能源进一步开发。膜蒸馏工艺需要将水加热到 60～80℃，我国煤矿深部开采过程中的地热能恰好可以被用来加热矿井水，减少对常规能源的依赖，同时实现节能脱盐。膜蒸馏结合地热能井下脱盐工艺如图 6-7（a）所示，该工艺主要包含井下预处理和井下脱盐两部分，预处理充分利用管网压差为超微滤膜提供驱动力，脱盐部分利用地热能辅助加热，使产水各种离子浓度达到饮用标准。随着膜通量和抗污染性能不断提高，膜蒸馏结合地热能井下脱盐工艺将会发挥更大作用。

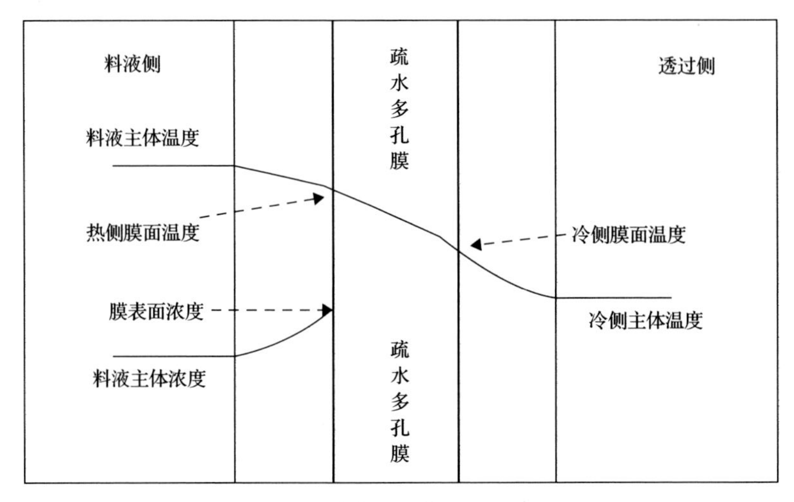

图 6-6　膜蒸馏工作原理示意图

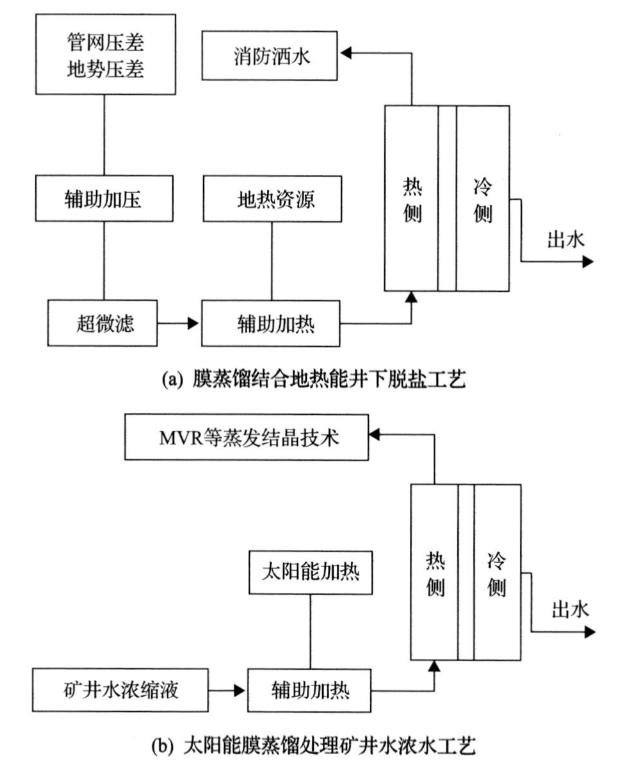

(a) 膜蒸馏结合地热能井下脱盐工艺

(b) 太阳能膜蒸馏处理矿井水浓水工艺

图 6-7　不同供热方式下的膜蒸馏工艺流程

此外，膜蒸馏也可以结合太阳能进行脱盐浓缩。由于我国西部矿区大部分位于太阳能辐射区的第一类[6700～8370MJ/($m^2\cdot a$)]或第二类[5400～6700MJ/($m^2\cdot a$)]区，将太阳能开发与膜蒸馏技术结合相比传统技术将更具优势。太阳能膜蒸馏处理矿井水浓缩液的工艺流程如图 6-7(b)所示。该工艺利用太阳能加热矿井水浓缩液，辅助必要的补充加热手段，通过膜蒸馏工艺使出水满足达标回用要求，热侧产生的浓水可利用机械式蒸汽再压缩(mechanical vapor recompression, MVR)等机械蒸发结晶技术进一步处理，实现矿井水资源化回用。

5) 低温多效蒸发

低温多效蒸发(low temperature multi-effect distillation, LT-MED)是将几个蒸发器串联运行的蒸发操作，使蒸汽热得到多次利用，从而提高热能利用率。蒸发器工作原理为高浓度含盐水由加热器顶部进入，经液体分布器分布后呈膜状向下流动，在管内被加热汽化，被汽化的蒸汽与液体一起由加热管下端引出，经汽-液分离得到浓缩液。浓缩液经结晶或喷雾干燥就可以实现矿井水处理零排放。

6) 多级闪蒸

多级闪蒸(multistage flash, MSF)是针对多效蒸发结垢严重的缺点而发展起来的，其原理是将含盐水加热到一定温度后引入闪蒸室，由于闪蒸室中的压力控制在低于热盐水在该温度下所对应的饱和蒸汽压，故热盐水进入闪蒸室后成为过热溶液而急速地部分汽化，从而使热盐水自身的温度降低，所产生的蒸汽冷凝后即为所需的淡水。MSF具有设备简单可靠、防垢能力好、易于大型化、可以利用低品位热能和废热等优点，但同时也具有动力消耗大、传热效率低等缺点。

3. 高矿化度矿井水的蒸发结晶技术

蒸发结晶的目的是彻底将高盐水进行水盐分离，实现零排放，主要有热法蒸发和自然蒸发两大类结晶技术，包括多级闪蒸(MSF)、多效蒸发(multi-effect distillation，MED)、机械式蒸汽再压缩(MVR)、蒸发塘等。

1)热法蒸发技术

多级闪蒸和低温多效蒸发既可以将矿井水脱盐浓缩到一定比例，也可以直接将矿井水浓缩到水盐完全分离。多级MVR也是一种常用的蒸发结晶技术，通常与膜技术相耦合用于矿井水零排放处理。MVR的工作原理(图6-8)是将蒸发器原本需要用冷却水冷凝的二次蒸汽，经压缩机压缩后提高其压力和饱和温度，增加焓值，再送入蒸发器加热器作为热源来加热料液，由于重新利用其产生的二次蒸汽能量，减少对外界能源需求，达到节能的目的。但是存在投资较高、单套设备处理能力小等缺点。

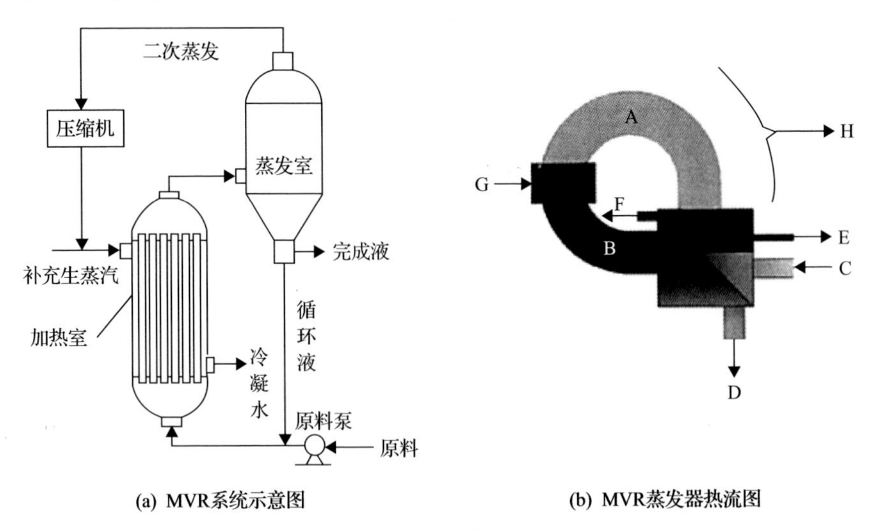

(a) MVR系统示意图　　(b) MVR蒸发器热流图

图6-8　MVR工作原理示意

A-二次蒸汽；B-压缩后蒸汽；C-进水；D-冷凝水；E-浓缩水；F-不凝气体；G-电能；H-热损失

目前，国内在高矿化度矿井水处理领域蒸发结晶主要采用MVR和MED。一般认为在蒸汽价格较高的地方MVR较为经济，在蒸汽价格较低的地方MED优势更加明显。

2) 自然蒸发蒸发塘技术

蒸发塘具有处置成本低、运营维护简单、充分利用太阳能、抗冲击负荷好、运营稳定等优点。蒸发塘由调节系统、多组蒸发系统、防渗系统、排洪系统、防沙防浪系统、监测系统、结晶盐安全填埋场及其他附属配套系统等构成。

目前，从国内蒸发塘的实际运行或调试状况来看，由于蒸发塘设计尚无规范可循，正面临着一系列问题：①初始设计面积、容积偏小，实际外排水量过大，高浓盐水蒸发效果不佳；②占地面积大，建造投资成本高；③受季节影响，在冬天结冰天气蒸发塘的运行效果不理想，造成大量浓盐水堆积不能外排的困境；④蒸发塘污染物浓度高，在环境问题和环境政策的影响下，存在渗漏风险和污染地下水的风险。

因此，目前国内的企业在提供产品和技术时，一般不再使用蒸发塘的方案和工艺。

4. 常用的高矿化度矿井水深度处理技术对比

海水膜反渗透、碟管式反渗透、电渗析、多级闪蒸、多效蒸发和机械压汽蒸发是当前高矿化度矿井水处理工程中已经被广泛应用的几种主流技术，各自具有不同特点与优势，具体的经济性对比见表 6-3。

表 6-3　几种主流处理技术的经济性比较

技术名称	操作温度/℃	主要能源	蒸汽消耗/(t/m^3)	电能消耗/($kW\cdot h/m^3$)	能耗成本/(元/m^3)	产水水质/(ppm TDS)
海水膜反渗透	常温	电能	—	3～5(运行压力 55bar)	3～5	<200
碟管式反渗透	常温	电能	—	4～8(运行压力 90bar，进水 67000ppm)	4～7	<700
电渗析	常温	电能	—	6～8	5～6	<900
多级闪蒸	<120	蒸汽、电能	0.1～0.15	3.5～4.4	～9.5	<10
多效蒸发	<70	蒸汽、电能	～0.43	1.2～1.8	～18.6	<10
机械压汽蒸发	≤40	蒸汽、电能	～0.1	～4.6	～7.7	<10

注：系统进水为 3×10^4～4.5×10^4ppm TDS；电费按 0.8 元/(kW·h)计算，蒸汽按 40 元/t 计算。

5. 典型工程案例 1：单矿零排放处理

内蒙古某煤矿根据环评要求需要实现矿井水零排放。该煤矿预测矿井正常涌水量为 $570m^3/h$($13680m^3/d$)，矿井水零排放工程设计处理能力为 $600m^3/h$，考虑到矿井投产初期矿井水排放量较小，采用整体设计，分两期实施，一期处理能力为

300m^3/h，二期实施后，总处理能力达 600m^3/h。

工程进水水质按照矿井水原水水质指标设计，其中水质指标见表 6-4。处理后的出水水质主要作为煤矿生活和生产用水，包括锅炉用水、职工洗浴用水及其他生活、生产设施用水，主要指标优于《生活饮用水卫生标准》(GB 5749—2006)要求。

表 6-4　设计进水水质　（单位：mg/L）

水质项目	数值	水质项目	数值	水质项目	数值
Ca^{2+}	14.87	SO_4^{2-}	2108.00	Fe	0.24
Mg^{2+}	5.30	Cl^-	597.24	Mn	0.00
Na^+	1677.23	HCO_3^-	837.50	Ba	0.01
K^+	90.00	NO_3^-	4.20	Sr	0.98
Al^{3+}	0.22	F^-	8.20	Si	19.20
pH	8.36	TDS	5065.21		

零排放工程工艺流程如图 6-9 所示，分为净化处理、深度处理、浓缩处理和蒸发结晶四个部分。

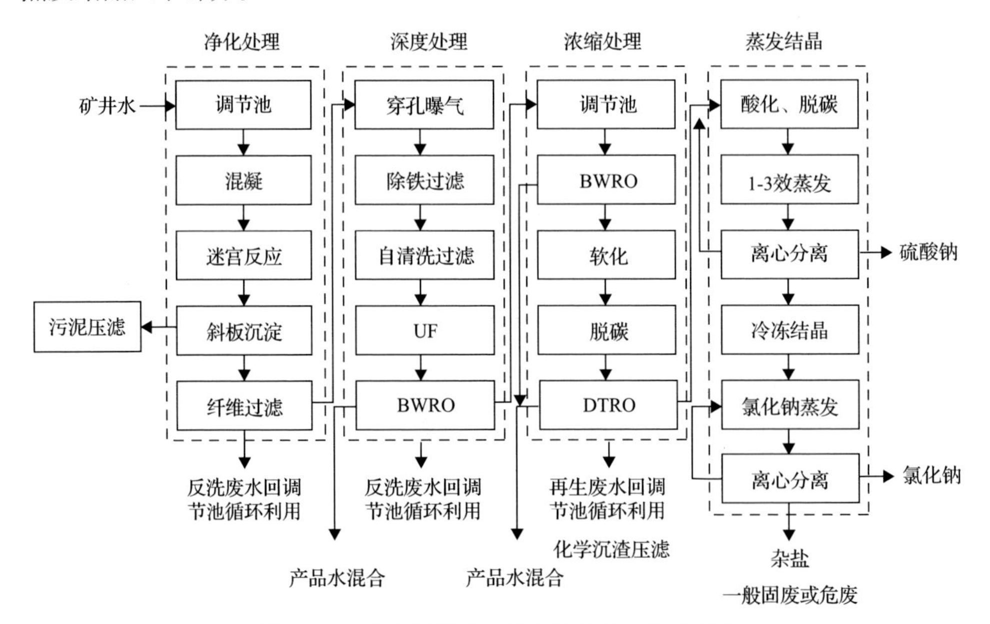

图 6-9　内蒙古某煤矿矿井水零排放工艺流程图

净化处理工艺采用加药混凝、迷宫反应、斜板沉淀、纤维过滤和消毒工艺环节，设计处理能力 900m^3/h，要求出水 SS≤10mg/L，重铬酸盐指数 COD_{cr}≤50mg/L，其余各单元水质控制指标如表 6-5 所示。

该矿井水 Ca^{2+}、Mg^{2+}浓度极低，TDS 在 2500mg/L 左右，深度处理采用 BWRO 工艺，单元回收率可达 75%以上，预处理采用自清洗过滤器与 UF 组合工艺；考

表 6-5　各单元水质控制指标　（单位：mg/L）

水质项目	深度处理浓水	一级浓缩浓水	二级浓缩浓水
Ca^{2+}	355	99	290
Mg^{2+}	126	37	92
Na^{+}	3960	11232	28105
K^{+}	213	601	1493
Cl^{-}	1432	4054	10119
SO_4^{2-}	5024	14266	35657
HCO_3^{-}	1927	5296	12835
TDS	12795	36202	90336

虑到铁离子对反渗透的影响，在深度处理的预处理阶段增加设计了曝气除铁及过滤单元保证 SS≤10mg/L，铁离子浓度≤0.03mg/L。深度处理的浓水 TDS 在 13000mg/L 左右，Ca^{2+}、Mg^{2+}浓度不高，一级浓缩采用 BWRO，浓水经过两级精密过滤及药剂阻垢后回收率即可达到 65%，减小了软化规模，降低了运行压力；一级浓缩浓水 TDS 约为 36000mg/L，SWRO 和 DTRO 均可以运行，但考虑蒸发结晶的经济性，选用 DTRO 工艺，浓盐水 TDS≥90000mg/L，回收率为 25%～60%，可调整。一级浓缩浓水通过离子交换软化除硬、脱碳、调节 pH 至 10～10.5，保证 DTRO 浓水侧 Ca、Mg 等离子浓度小于其溶度积；DTRO 单元采用浓水再循环模式，矿井水 TDS 在 5000mg/L 以下波动时，保证高浓盐水 TDS≥90000mg/L。

蒸发结晶采用三效强制循环蒸发器，加酸、脱碳后的高浓盐水蒸发至硫酸钠饱和，通过离心分离、干燥，得到《工业无水硫酸钠》(GB/T 6009—2014)Ⅲ类合格品；离心母液冷冻至–5℃，再次离心分离得到十水硫酸钠，送入高浓度盐水池溶解实现硫酸钠循环浓缩；离心母液进入单效氯化钠蒸发器蒸发至饱和，通过离心分离、干燥，得到《工业盐》(GB/T 5462—2015)日晒工业盐二级品；部分离心母液排至耙干机作为杂盐排出，其余循环至氯化钠单效蒸发器实现氯化钠循环浓缩。

项目深度处理及浓缩处理单元一期于 2017 年 1 月投入试运行，系统运行稳定，总回收率≥96.5%，综合直接运行费用约为 7.89 元/t 水。每天最多可为矿区及周边企业、农业生产提供约 13600m^3 以上的优质水源。

6. *典型工程案例 2：多矿共同零排放处理*

神华宁煤集团宁东矿区矿井水及煤化工废水处理利用项目，位于宁夏回族自治区宁东能源化工基地。神华宁煤集团根据宁夏回族自治区政府要求，本着节约水资源、保护环境，服务当地社会的宗旨，对梅花井、清水营和灵新三个矿的矿井水以及煤化工园区工业废水回收，经处理后作为神华宁煤煤化工煤制油项目生产补充水。同时，分质分盐结晶处理后产生的符合工业盐标准的硫酸钠和氯化钠作为产品外卖，实现资源的最大化利用。

项目包括两个水处理工艺段，即预处理及膜脱盐段和分盐及分质结晶段，工艺流程如图 6-10 所示。

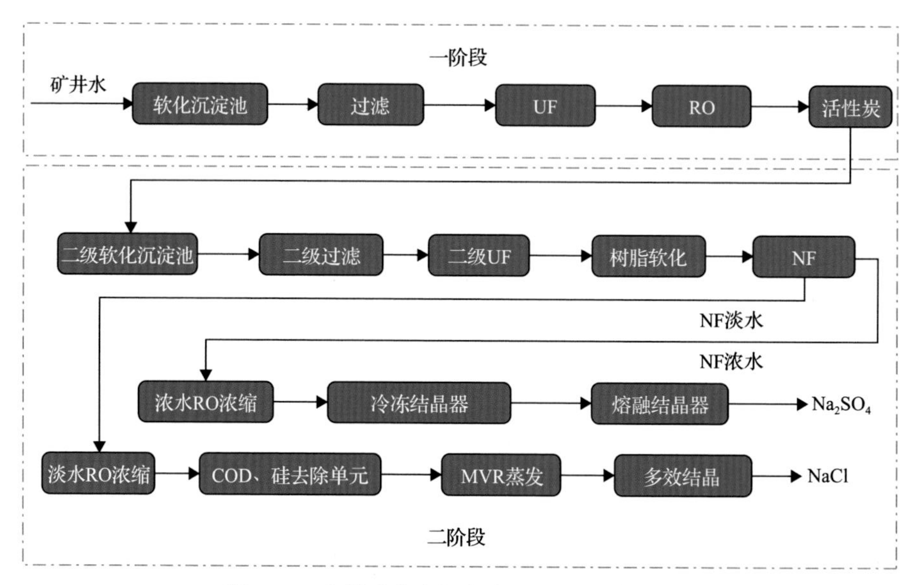

图 6-10　宁煤矿井水深度处理及零排放工艺图

一阶段实施预处理及膜脱盐，主要分为五个工序，即调节提升、预处理及膜脱盐、达标排放、加药和污泥脱水。矿井水处理能力可达 $1500m^3/h$。矿井水首先通过混凝—沉淀—过滤去除硬度和悬浮物，然后通过超滤和反渗透膜进行脱盐处理，处理后约 $1200m^3/h$ 产品水送到工业园区回用。矿井水处理产生的浓盐水送入二阶段的分盐及分质结晶装置处理。

二阶段对一阶段的浓盐水实施分盐及分质结晶处理，包括氯化钠蒸发结晶、硫酸钠冷冻结晶和矿杂盐蒸发结晶。处理能力为 $375m^3/h$。装置利用纳滤膜将废水中的一价、二价离子分离出来，一价离子经反渗透膜浓缩后进入蒸发结晶系统进行处理，最终产出氯化钠结晶盐；二价离子经反渗透膜浓缩后进入冷冻结晶系统进行处理，最终产出硫酸钠结晶盐；蒸发结晶和冷冻结晶系统母液进入杂盐系统进行处理。

经过一阶段预处理及膜脱盐处理的矿井水，水质达到《再生水水质标准》(SL 368—2006)的工业用水水质标准，回用至化工园区。一阶段浓盐水送入二阶段进行分盐及分质结晶处理后，产生的回用水送至化工园区利用，产生的结晶盐进行资源化利用，最终实现整体零排放。

该项目总投资约为 8 亿元，设为 $1500m^3/h$ 处理量，吨水投资成本为 4.06 元，吨水处理成本为 15.78 元，运行成本明细见表 6-6。

表 6-6　处理系统运行成本明细表　（单位：元/m^3）

费用类别	具体费用	费用类别	具体费用
药剂费	4.23	固定资产折旧费	3.85
工资及福利费	1.05	其他	2.38
维护检修费（含大修）	0.45	吨水处理费用	15.78
材料费	3.82		

7. 典型工程案例 3—灵新矿井下处理及浓盐水封存

宁煤集团灵新煤矿现已建成井下矿井水处理站一座，采用重介速沉矿井水处理技术，设计预处理能力为 800m^3/h，矿井水处理后出水水质达到了《煤炭工业污染物排放标准》采煤废水污染物排放限值要求。目前灵新煤矿正在建设高矿化度矿井水地下分质利用与封存技术研究及工程示范项目，设计规模为 550m^3/h，产品水回收率 85%，产品水矿化度≤500mg/L，浓盐水浓度 36000mg/L，出水水质执行《生活饮用水卫生标准》GB5749—2006 标准。项目采用“井下直滤系统+井下反渗透系统”的井下双膜法处理工艺，降低矿井水的 SS 值和矿化度，以达到高矿化度矿井水的深度处理，处理工艺流程如图 6-11 所示。

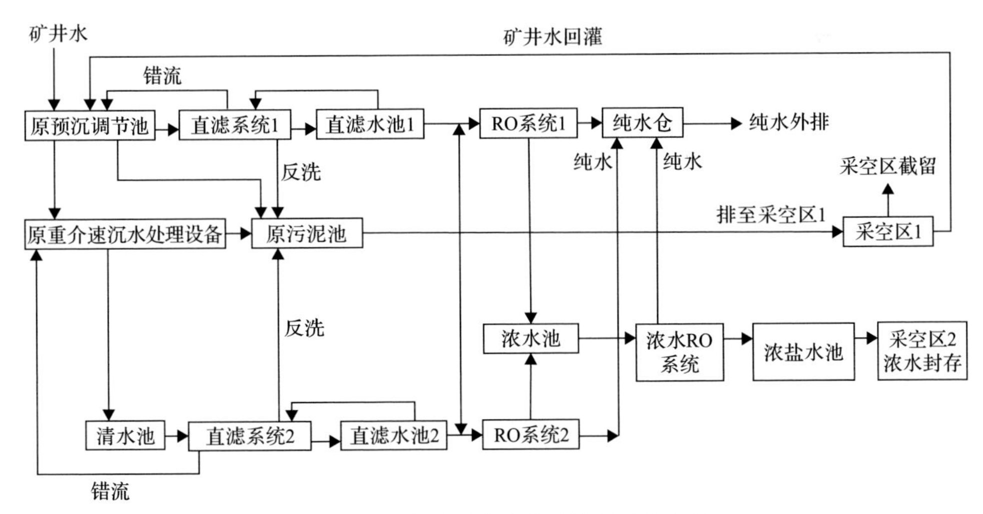

图 6-11　灵新矿矿井水井下处理工艺流程

整个处理系统以高性能直滤膜设备为依托，以自动控制为保障，具有投资费用省、占地面积小、产水水质好、运行成本低等特点。该项目可以实现矿井水的井下深度处理与利用，处理后的矿井水作为生活饮用水、井下消防洒水、井下黄泥灌浆用水、工业场地消防用水、综合办公楼自喷消防用水、工业场地绿化及工业用水水源。

该项目总投资约为 1.03 亿元，设计规模为 10000m^3/d 处理量，吨水投资成本为 5.50 元，吨水处理成本为 8.91 元，运行成本明细见表 6-7。对比分析可以看出，灵新矿井水井下处理及浓盐水封存项目在吨水投资成本和吨水处理成本两个方面均优于典型案例 2 项目。

表 6-7　矿井水井下处理系统运行成本明细表　（单位：元/m^3）

费用	数值
药剂费	2.14
工资及福利费	1.27
材料及资产折旧	5.50
吨水处理费用	8.91

（三）含特殊组分矿井水的处理技术

1. 含氟矿井水处理技术

目前，含氟矿井水处理技术主要有传统的沉淀除氟、吸附除氟，以及近年逐步发展应用的膜法除氟等。

1）化学沉淀除氟

化学沉淀是将沉淀剂（石灰、电石渣、磷酸钙盐、白云石、明矾等）投加到含氟矿井水中与氟离子反应形成氟化物沉淀，然后通过过滤或沉降等固液分离方法将氟化物沉淀从矿井水中去除，从而达到去除 F^- 的目的。化学沉淀技术简单、处理方便、成本低、容量大，但受氟化物沉淀溶解度限制难以达到污水综合排放标准。近年来研究发现，将化学沉淀剂与镁盐、铝盐、磷酸盐联用可形成溶解度更低的含氟化合物沉淀，进一步降低出水氟化物含量。化学沉淀除氟普遍存在二次污染、效率低、周期长等问题。

2）混凝沉淀除氟

混凝沉淀是将混凝剂（如硫酸铝、聚合硫酸铝、聚合氯化铝、聚合硫酸铁、硫酸铝钾等）投加到含氟矿井水中，混凝剂在矿井水中水解成胶体氢氧化物并与氟离子络合形成絮凝体后共沉淀析出，从而达到去除 F^- 的目的。混凝沉淀过程中加入高分子助凝剂（如聚丙烯酰胺 PAM），通过电中和、吸附和架桥协同作用促进絮凝体的生长与沉降，进一步提高氟去除效率。混凝沉淀除氟一般适用于低浓度含氟矿井水。

3）吸附除氟

吸附除氟是将含氟矿井水通过装有多孔性吸附剂的固定床吸附设备，吸附剂通过物理吸附、化学吸附、离子交换等作用将 F^-吸附于表面，达到去除 F^-的目的。常用的吸附剂主要包括活性金属氧化物（活性氧化铝、活性氧化镁、稀土金属氧化物等）、天然矿物（沸石、黏土、岭土、漂白土、蒙脱石等）、天然生物质（褐煤吸附剂、粉煤灰吸附剂、功能纤维吸附剂、壳聚糖等）、骨炭、活性炭、合成多孔碳、金属负载型离子交换树脂等。其中，沸石和黏土等天然矿物兼具离子交换和吸附特性，自然界中分布广泛、储量大，是廉价的除氟矿物，用于地下水库中含氟矿井水的处理，可发挥地下水库多矿物协同除氟机制作用，降低矿井水中氟化物含量，减少矿井水的处理成本。总体上，吸附除氟技术具有除氟效果稳定、去除效率高、运行成本低、操作简单等优点，特别适合含氟矿井水的处理。

4）膜法除氟

膜分离技术已在含氟废水处理中展现了较好的应用效果，主要有反渗透技术、电渗析技术。其中反渗透技术利用反渗透膜的高盐截留特性，电渗析技术利用离子交换膜的离子选择透过性，在矿井水脱盐和浓缩处理的过程中去除 F^-，去除率能达到90%以上。但反渗透和电渗析浓水中富集的高浓度 F^-在蒸发结晶前需结合其他除氟技术，另外处理成本也相对较高。

2. 含铁、锰矿井水处理技术

铁、锰是煤矿矿井水中常见的污染物，一般为 Fe^{2+}、Mn^{2+}共存。过量铁、锰进入水体将导致水质浑浊、变色且有刺激性气味，进入生态环境将导致人类及其他生物中毒。另外，铁、锰的存在也将加剧矿井水深度处理的管道结垢及膜污染倾向。目前含铁、锰矿井水处理技术主要有自然氧化法、化学试剂氧化法、接触氧化法、吸附法等。

1）自然氧化法

自然氧化法主要包括曝气氧化（氧气或空气）和固液分离（沉淀过滤）工艺。因 Fe^{2+}的氧化还原电位较 Mn^{2+}低，自然氧化法对 Fe^{2+}的去除效果优于 Mn^{2+}。矿井水中 Fe^{2+}易被溶解氧氧化为 $Fe(OH)_3$ 而沉淀析出，随后通过过滤或沉降等固液分离技术将沉淀物从矿井水中去除。矿井水中 Mn^{2+}难以直接被溶解氧氧化为 MnO_2，通常需额外投加石灰、NaOH 等碱性试剂加速氧化反应速率，使 Mn^{2+}可被氧化为 MnO_2 而沉淀析出。自然氧化法除铁、锰操作简单，但工艺流程复杂、设备占地面积大且投资高、效率低且出水水质不稳定，还需要进一步进行深度处理。

2）化学试剂氧化法

化学试剂氧化法除铁、锰是采用氧化能力较强的氧化剂（如高锰酸钾、二氧化氯、氯气、臭氧)氧化水中溶解性 Fe^{2+}、Mn^{2+}生成高价铁、锰固体悬浮物，再通过沉淀过滤等固液分离工艺将高价铁、锰固体悬浮物从水中去除。化学试剂氧化法是欧洲和北美广泛应用的含铁、锰地下水处理技术。

3) 接触氧化法

接触氧化法是将含铁、锰矿井水经曝气后直接送入接触氧化滤池，曝气所产生高价态铁、锰氢氧化物逐渐附着在滤料表面形成铁质、锰质活性滤膜，利用活性滤膜吸附和自催化作用。一方面，Fe^{2+}、Mn^{2+}吸附在活性滤膜表面并在活性滤膜催化作用下被溶解氧氧化成铁、锰氢氧化物去除；另一方面，所生成铁、锰氢氧化物附着在滤料表面不断更新活性滤膜参与新的 Fe^{2+}、Mn^{2+}接触氧化反应。接触氧化法具有氧化效率高、停留时间短、工艺流程简单、无须投加化学药剂、无二次污染等特点。

4) 吸附法

吸附法是一种除铁、锰等金属离子的有效处理方法，与吸附除氟类似，吸附剂通过物理吸附、离子交换、络合或化学沉淀等作用吸附去除 Fe^{2+}、Mn^{2+}等金属离子。与氧化法相比，吸附法可将矿井水中 Fe^{2+}、Mn^{2+}等金属离子浓度降到较低水平，不增加矿化度，不产生二次污染，一步完成无须后处理，具有水质适应强、处理效果好、操作简单、吸附剂可再生、经济稳定等优势。受吸附剂吸附容量限制，吸附法多适用于 Fe^{2+}、Mn^{2+}等金属离子浓度较低的矿井水处理。

3. 典型工程案例

内蒙古某煤矿矿井水铁、锰含量较高，无法直接利用，外排还造成严重的环境影响，破坏矿区周边湿地。2009 年 8 月矿井水处理厂建成投产，有效降低了矿井水铁、锰含量，改善了矿区水环境。该矿井水处理厂设计处理规模 $1600m^3/h$ ($38400m^3/d$)。

该矿井水的原水中铁、锰超标，原水的铁为 1.79mg/L，锰为 0.2mg/L。矿井水原水中的铁、锰超标不多(需要的化学药剂量小)，为了与去悬浮物工艺相配合，尽量利用净化处理工艺中的设施，采用化学氧化法。工艺流程如图 6-12 所示。

由于矿井水来水较稳定，在进水端设置一个预氧化池，投加二氧化氯氧化剂，将水中的 Fe^{2+}氧化成 Fe^{3+}，在停留时间较长的预沉调节池充分氧化。由于仅投加氯，并不能有效去除水中的锰，所以在混凝剂投加前再投加高锰酸钾氧化剂，对铁和锰都有很好的去除效果。常规的化学氧化法除铁、锰工艺，在投加氧化剂后，需要增加滤池。矿井水中的铁、锰在被化学氧化后，生成了铁氧化物和锰氧化物，在沉淀单元(澄清池)与混凝剂和悬浮物吸附、絮凝沉降下来，所以不再新增滤池，直接利用去悬浮物净化工艺中的过滤单元，一并去除沉淀单元不能去除的微小悬浮物和铁、锰氧化物。

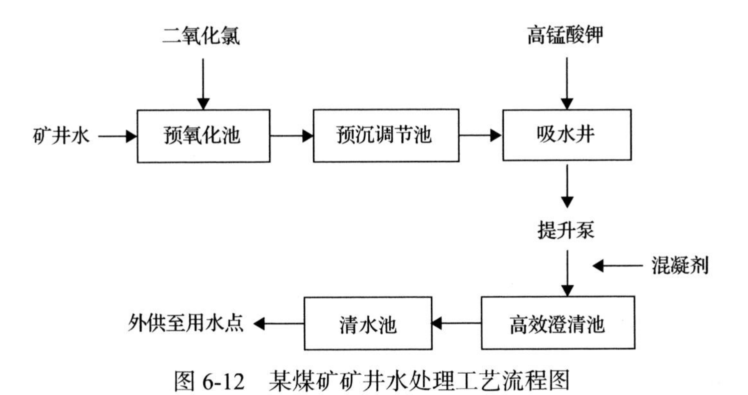

图 6-12　某煤矿矿井水处理工艺流程图

该矿井水处理厂于 2009 年 8 月投入运行，经过半年的运行，出水各项指标达到了煤化用水要求，具体出水指标如表 6-8 所示。

表 6-8　某矿矿井水处理前后水质对比

项目	pH	浊度 NTU	悬浮物/(mg/L)	COD_{cr}/(mg/L)	铁/(mg/L)	锰/(mg/L)
进水指标	7.8	400	107.0	51.2	1.8	0.2
出水指标	7.2	1.9	3.0	12	0.06	0.03

注：1NTU=1mg/L 的白陶土悬浮体。

(四)酸性矿井水处理技术

酸性矿井水是指 pH＜7 的矿井水。由于酸性矿井水对各种成分的溶解能力比较强，矿井水的成分比较复杂，腐蚀性大，如果这些矿井水直接排到地面上，容易造成土壤板结，影响植物的生长。常见的酸性矿井水处理方法有以下几种。

1. 中和法

石灰石是一种价格低廉、碱性较强的物质，在处理酸性矿井水的过程中得到了广泛运用。一般来说，含有氧化钙成分的物质都可以作为中和剂，如大理石、石灰、石灰石等都被作为中和剂运用到矿井水处理，其中石灰石的应用最广泛。

2. 生物化学方法

由于氧化亚铁硫杆菌可以将 Fe^{2+}氧化成为 Fe^{3+}，更加利于处理，所以生物化学方法也得到了广泛的运用。在 Fe^{2+}变成 Fe^{3+}之后，用石灰石可将 Fe^{3+}沉淀，同时中和矿井水的酸性。

3. 湿地生态工程处理法

这种处理方法投资较低，运行成本较低，加上管理非常便捷，有很好的发展前景。具体做法是，在湿地中建造人工浅沼池，池底部铺石灰石，石灰石上填充有机质，随后在有机质上种植香蒲等有净化作用的植物。经过这种湿地生态工程处理后，矿井水的 pH 会趋于 7，部分污染物会被吸收，可用于工业生产。

二、金属矿水处理技术

(一) 预处理技术

金属矿矿井水中有漂浮物、大颗粒物甚至可能覆盖大面积的油膜，这些物质的存在不仅会影响后续矿井水处理技术作用效果，还会对废水处理设施和设备造成堵塞、破坏，因此金属矿矿井水必须首先进行预处理，通过过滤、浮流、辐流、絮凝沉淀等方式使金属矿矿井水得到预处理后方可进行后续处理。

(二) 含氰矿井水处理技术

1. 碱氯化法

碱氯化法是目前处理含氰矿井水最广泛最有效的方法。其基本原理是在碱性介质中，利用氯的强氧化性使氰化物被氧化成二氧化碳和氮气，从而达到破坏氰化物的目的，使水质达到要求。常用的氯氧化剂有漂白粉、氯气和次氯酸钠等物质。碱氯化法中影响除氰效果的因素较多，主要有氧化剂的添加量、pH、反应时间等。图 6-13 是碱氯化法的工艺流程图。

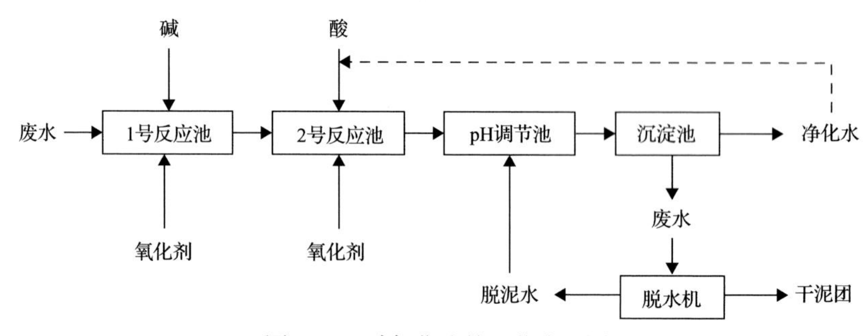

图 6-13　碱氯化法的工艺流程图

2. 酸化回收法

酸化回收法能有效地回收矿井水中的氰化物，目前在国内应用比较广泛，采用该法处理高浓度的含氰废液具有良好的经济、社会和环境效益。其基本原理是用硫酸或二氧化硫将矿井水酸化至 pH 为 1.5～3.0，金属氰络合物分解生成 HCN，HCN 的沸点仅 26.5℃。当向废水中充气时极易挥发，挥发的 HCN 用碱液（NaOH）吸收并返回浸金使用。图 6-14 是酸化回收法的简单流程图。

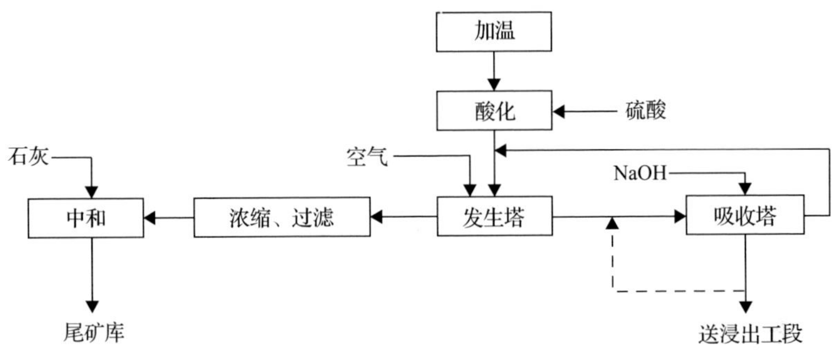

图 6-14　酸化回收法的简单流程图

3. 微生物降解法

从经济角度讲，微生物降解法比其他的处理方法成本低且效率高，其基本原理是利用以氰化物和硫氰化物为碳源和氮源的一种或几种微生物，将氰化物和硫氰化物氧化为 CO_2、氨和硫酸盐，或者将氰化物水解成甲酰胺，同时重金属被细菌吸附而随生物膜脱落除去。

(三)重金属处理技术

1. 化学沉淀法

1)酸碱中和法

矿井水通常存在 pH 波动，且由于大量酸性污染物、重金属污染物、有机污染物的存在，矿井水呈酸性的比例较大，且酸碱度对后续部分化学和生物处理技术有一定影响，通常情况下需要进行酸碱中和处理，确保矿井水保持在中性状态，让后续矿井水处理效果更佳。通常情况下，对于酸性矿井水，常用的中和剂有石灰、石灰石、白云石、氢氧化钠、碳酸钠等。但是，若在工厂附近有碱性矿井水和碱性废渣，应优先考虑利用这些矿井水和废渣来中和处理酸性矿井水。对于碱性矿井水，常用的中和剂有各种无机酸，如 H_2SO_4、HCl、HNO_3，但是 HCl 和 HNO_3 的价格较贵，腐蚀性强。故一般常用 H_2SO_4，如果能利用烟道气中的 SO_2 和 CO_2 做中和剂则更经济。若选矿厂附近有酸性矿山矿井水或废电解液可用作碱性矿井水的中和剂，则优先考虑采用以废治废的中和处理方案。

2)硫化法

硫化法是利用 Na_2S、NaHS、H_2S 等硫化剂使矿井水中的重金属离子生成难溶物质，进而可以通过絮凝和过滤使重金属离子与水分离的一种处理方法。硫化物沉淀法金属去除率高，沉淀渣量较少，沉淀渣中金属品位高，便于后期的回收利用，对于中和沉淀法较难去除的 Hg、As、Pb 等重金属离子，硫化物沉淀法均可除去，但成本较高。硫化法具有区别于其他重金属处理方法的优点，即重金属硫化物生成后，矿井水的 pH 为 7～9，硫化法处理后的矿井水不用再进行中和，可以代替酸碱中和处理环节。

3）螯合沉淀法

螯合沉淀法是近年发展起来的一种有效处理含重金属矿井水的方法，利用螯合反应生成不溶性的重金属螯合盐沉淀而实现捕集去除重金属离子。研究较热的螯合剂有二硫代氨基甲酸盐（DTC 类）、黄原酸类、三巯三嗪三钠类（TMT 类）和三硫代碳酸钠类（STC 类）等，还包括纤维素、甲壳素、壳聚糖、木质素、果胶等天然产物。其中，氨基二硫代甲酸型螯合树脂（DTCR）是目前运用最广泛的重金属螯合剂。总体而言，螯合沉淀法具有处理方法简单、反应效率高、污泥沉淀快、含水率低、螯合沉淀物稳定、无二次污染、选择性好和易于金属回收等特点，在矿井水处理中有很好的应用和发展前景。

2. 铁氧体法

铁氧体是一种具有一定晶体结构的复合氧化物，主要由铁离子、氧离子及其他金属离子组成，具有高的磁导率和高的电阻率，是一种重要的磁性半导体。在矿井水中加入铁离子，可以使矿井水中的各种金属离子形成铁氧体晶粒沉淀析出，从而使矿井水得到净化。常用的铁离子添加剂有 $FeSO_4$ 或 $FeCl_3$，对于酸性矿井水，还需要加入 NaOH 调节 pH 为 8～9，在此条件下，大多数难溶的金属氢氧化物可同时沉淀析出，当在常温和缺氧的条件下进行沉淀时，Zn^{2+}、Fe^{2+}、Fe^{3+}、Cr^{3+}等的氢氧化物沉淀是以胶体状态存在的，因此要向矿井水中通入空气并加温到 60～80℃，破坏氢氧化物胶体和脱水分解，使其转化为尖晶石结构的铁氧体。

3. 电化学法

电化学法根据不同作用机制，可分为电解、电催化氧化、电絮凝、电渗析、电气浮及内电解等。电化学法因其设备简单、占地面积小、操作简便、处理效率高、与环境兼容等优点，在金属矿矿井水处理方面受到广泛关注。在矿井水处理中运用较多电化学技术是电絮凝沉淀或气浮、电催化氧化及电渗析等。电絮凝法以牺牲阳极形成羟基络合物、多核羟基络合物等絮凝矿井水中污染物。

内电解又称微电解法也可归结为电化学法，以腐蚀电池原理等为基础，如

图 6-15 所示，其作用原理与一般电化学法不同，内电解法不需外加电流，利用铁碳等不同电极电位导电颗粒在电解质溶液中发生腐蚀原电池反应，产生微电流和活性物质来催化处理矿井水，去除机制涉及原电池反应、电化学氧化还原、电场作用、电子传递作用、絮凝吸附和共沉淀等多种作用。

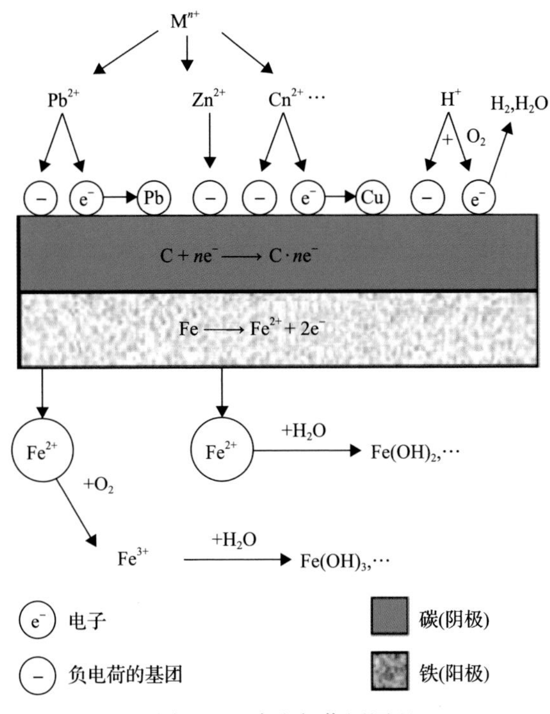

图 6-15　内电解作用原理

以 Fe/C 内电解为基础发展多种强化内电解工艺，用于处理含重金属矿山矿井水，很好地去除矿井水中重金属和砷离子，并可有效回收利用矿井水中的金属。其中电催化内电解在重金属及难降解有机物的降解方面均表现出很好的应用价值。其电催化内电解作用原理如图 6-16 所示，通过引入外电场极化内电解填料，催化加速内电解反应强化重金属和有机污染物的去除。内电解法及衍生技术常用废铁屑和碳为材料，具有使用范围广、工艺简单、处理成本低、效率高、能回收矿井水中重金属资源和实现以废治废等优点，在去除重金属和难降解有机污染均有较好效果，在采选矿井水处理方面具有较大的开发潜力。

此外，还可以用絮凝或混凝沉淀法、吸附法、氧化还原法、膜分离法、微生物和人工湿地等方法去除重金属，具体方法可参考煤矿矿井水处理技术，在此不再赘述。

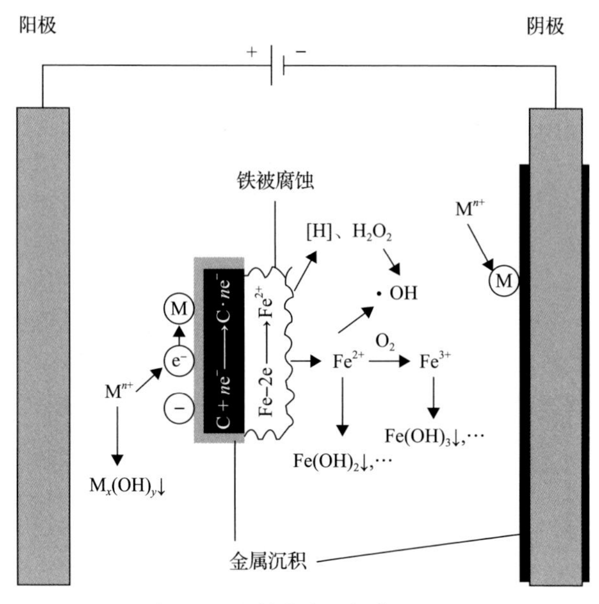

图 6-16　电催化内电解作用原理

(四)有机污染物处理技术

1. 人工湿地处理技术

人工湿地处理技术是一种生物处理技术，在矿井水处理过程中充分利用基质、水生植物、微生物之间共同作用，通过湿地特有的过滤、沉淀、吸附、分解等一系列作用实现对矿井水中有机污染物的高效降解，使矿山矿井水实现净化。由于人工湿地对重金属处理效果有限，且占地面积较大、处理效率较低，比较适用于大面积矿山矿井水的末端治理，也比较适合矿山挖掘、破坏后的水土修复和养护，属于矿山可持续发展的研究热点。

2. 生物膜技术

生物膜技术是一种特殊的半透膜渗透的净化技术，由生物附着于生物转盘等设备之上，形成稳定、半透性生物膜，生物膜将矿井水与净化后的水分隔开，以分子运动压力为驱动力，使矿井水缓慢流经生物膜，生物膜对其中的污染物进行截留、分离，一方面使矿井水得到净化，另一方面使重金属得到回收、生物膜得到稳定增长，是一种高效、节能、设备简单的矿井水净化技术。生物膜技术运用的问题在于设备价格昂贵，保养和运维费用较高，利用普及率较低；处理效率受外界条件影响较大，并不适合所有的矿井水处理。

(五)金属矿重金属处理案例

会泽铅锌矿选矿厂选矿能力2000t/d，配套600m^3/h选矿废水处理系统，建于长江水系上游支流牛栏江西岸坡地之上。选矿厂排出的铅精矿、锌精矿及硫精矿浓缩过滤废水和尾矿制备膏体溢流废水，合并进入选矿废水处理系统，导致合并后的选矿废水水质变得复杂。随着选矿厂新水补加量的逐渐降低及选矿废水过程中分质回用及循环利用逐渐提升，虽然降低了选矿生产排出的选矿废水量，但其固体悬浮物含量、重金属离子含量、COD_{Cr}等出现不同程度的累积升高，导致选矿废水处理回用的难度增加。因此采取“pH调节—化学沉淀—混凝沉淀—活性炭吸附—臭氧氧化”的选矿废水处理系统，并增设了刮泥机、污泥泵等设备设施以完善选矿废水处理系统排泥。选矿废水处理工艺原则流程详见图6-17、废水处理效果见表6-9。选矿废水处理工艺如下。

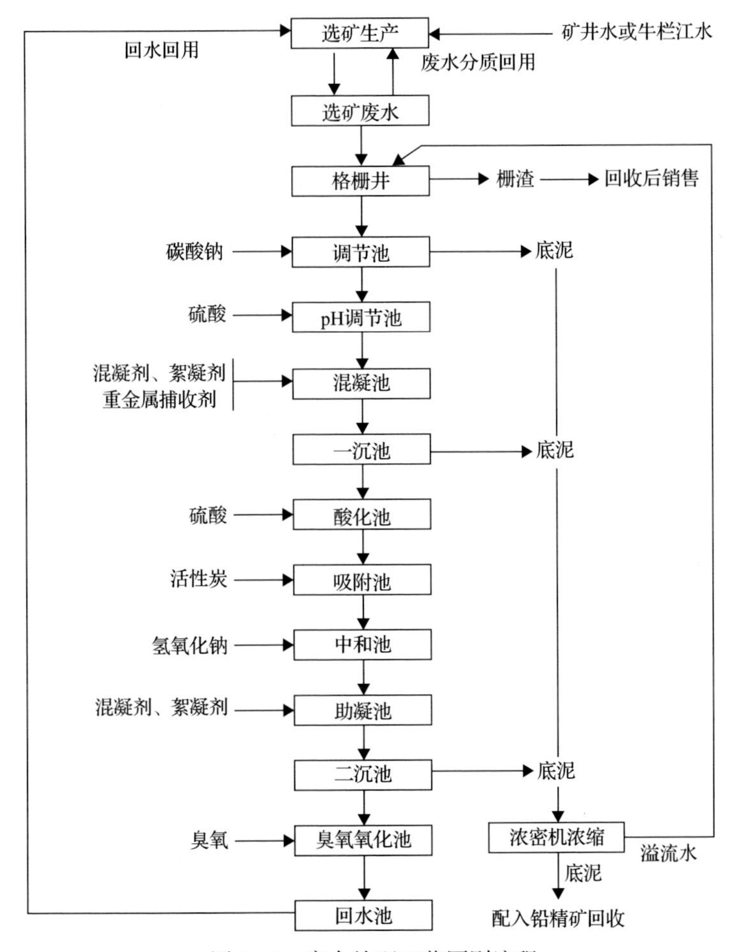

图6-17　废水处理工艺原则流程

表 6-9　处理前后选矿废水水质

项目	pH	总硬度	Pb	Zn	Cu	SS	COD_{Cr}
处理前/($mg \cdot L^{-1}$)	13	900	110	3.5	0.15	400	1200
处理后/($mg \cdot L^{-1}$)	6.8	100	0.5	0.5	0.06	50	200
去除率/%	—	89.9	99.5	85.7	60	87.5	83.3

(1) 化学沉淀法去除钙镁离子软化水质。设计了一体式高效浓密调节池，在对选矿废水均质及均量的过程中，同时添加碳酸钠沉淀去除钙、镁离子以软化水质。

(2) 混凝沉淀法去除固体悬浮物、胶体颗粒、重金属离子等。经碳酸钠沉淀软化后的废水，添加硫酸调节 pH 至 9～10，以营造混凝沉淀适宜的 pH、破坏胶体的稳定性，并利用碱性 pH 条件下部分重金属离子生成氢氧化物进行沉淀去除，再分别添加混凝剂、絮凝剂及重金属捕收剂，进一步去除固体悬浮物、胶体颗粒、重金属离子等。

(3) 活性炭吸附法强化去除浮选药剂、重金属离子等。经混凝沉淀法处理后的废水，首先添加硫酸调节 pH 至 2～3，酸性条件下乙基黄药、丁基黄药、乙硫氮等分解速度加快；然后添加粉末活性炭吸附浮选药剂、重金属离子等；接着再添加氢氧化钠中和废水 pH 至 6～8，并作为最终回水 pH；最后依次添加混凝剂、絮凝剂以沉淀去除活性炭颗粒及残留的重金属离子等。

(4) 臭氧氧化法去除残留浮选药剂。废水经活性炭吸附法处理后，再给入臭氧氧化池，臭氧从水池底部采用微孔分散鼓泡给入曝气，利用其强氧化性，氧化和降解废水中残留的难处理浮选药剂，同时降低废水的 COD_{Cr}。

第七章　我国矿井水保护利用发展战略与政策建议

一、我国煤炭产量与矿井水资源量发展趋势

(一)我国煤炭产量发展趋势

习近平总书记在2014年6月13日中央财经领导小组第六次会议上提出“推动能源生产和消费革命是长期战略”①。由此可见，煤炭在较长时间内仍将是我国的主体能源，我们对煤炭的注意力的分散，要大力推进煤炭清洁高效利用。

根据中国工程院、中国煤炭工业协会、中石油等国内机构和IEA、BP等国际机构的预测，2018～2035年，煤炭消费占一次能源消费占比将平稳下降，预计将由2018年的59%下降至2035年的45%左右，但绝对值并不会发生太大变化。立足国内保障煤炭供应，少量进口作为补充仍将是未来煤炭供应的主要格局。综合中国工程院、国家能源局相关煤炭生产布局研究，2018～2035年各省区煤炭产量预测见表7-1及图7-1。

表7-1　我国部分省区煤炭产量预测　　（单位：万t）

省(市/区)	年份				
	2018	2020	2025	2030	2035
山西	89340	95000	97000	95000	90000
内蒙古	97560	104500	105500	107000	107000
陕西	62325	66000	66000	66000	67000
宁夏	7416	8000	7500	7000	8000
甘肃	3516	4000	4000	6000	6000
新疆	21317	23000	24000	26000	33000
北京	176	—	—	—	—
河北	5505	5000	4500	3500	2000
辽宁	3376	3000	2000	1500	1000
吉林	1518	1400	1000	800	500
黑龙江	6198	6000	4000	3000	1000
江苏	1246	1000	500	500	—

①习近平：积极推动我国能源生产和消费革命.(2014-06-13).http://www.gov.cn/xinwen/2014-06/13/content_2700479.htm.

续表

省(市/区)	年份				
	2018	2020	2025	2030	2035
福建	918	500	400	300	—
山东	12169	11000	9000	7000	6000
安徽	11529	10500	9600	9000	7500
江西	531	300	200	—	—
河南	10656	9800	9000	7000	5000
湖北	313	200	—	—	—
湖南	1693	1300	1000	600	—
广西	471	300	200	—	—
重庆	1187	600	400	300	—
四川	3516	3000	2000	1500	500
贵州	14155	17000	13100	14000	8000
云南	4535	4000	3500	3000	2000
青海	773	600	600	1000	500
总计	361939	376000	365000	360000	345000

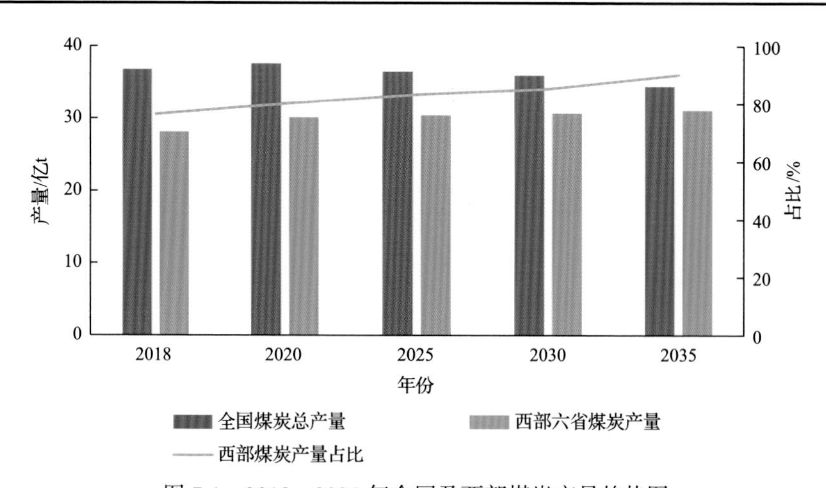

图 7-1　2018～2035 年全国及西部煤炭产量趋势图

根据以上预测，我国煤炭总产量将由 2018 年的 36.8 亿 t 缓慢下降至 2035 年的 34.5 亿 t。东北、华北以及长江以南地区煤炭产量呈现明显下降，但西部晋陕蒙宁新五省区煤炭产量稳中有升，产量占比将由目前的 76%进一步提升至 90%，我国煤炭开发基地的西移趋势非常明显。

随着煤炭产业实施供给侧结构性改革，淘汰落后产能，全国煤炭开发进一步集约化、规模化，生产能力在 120 万 t/a 以上的大型矿井将成为煤炭生产的绝对主力，大型国有企业和有实力的民营企业将成为我国煤炭开发的主体，这些企业具有较强的经济实力和履行社会责任的能力，对生态环境保护具有高度的责任感，并能主动进行投入，为矿井水资源统一规划管理和综合利用提供了良好条件。

(二)我国煤矿矿井水资源量发展趋势

近年来我国经济由高速发展转入高质量发展，煤炭在能源消费占比中逐年下降。研究预测，煤炭产量将由 2018 年的 36.2 亿 t 缓慢下降到 2035 年的 34.5 亿 t，相应的全国煤矿矿井水总量预测也将由 2018 年的 68.8 亿 m^3 下降到 2035 年的 60.2 亿 m^3。由于我国西部地区煤炭产量不断增加，预测西部六省区煤矿矿井水量由 2018 年的 42.9 亿 m^3 上升到 2035 年的 47.4 亿 m^3。全国及西部地区煤矿矿井水水量变化趋势见图 7-2。

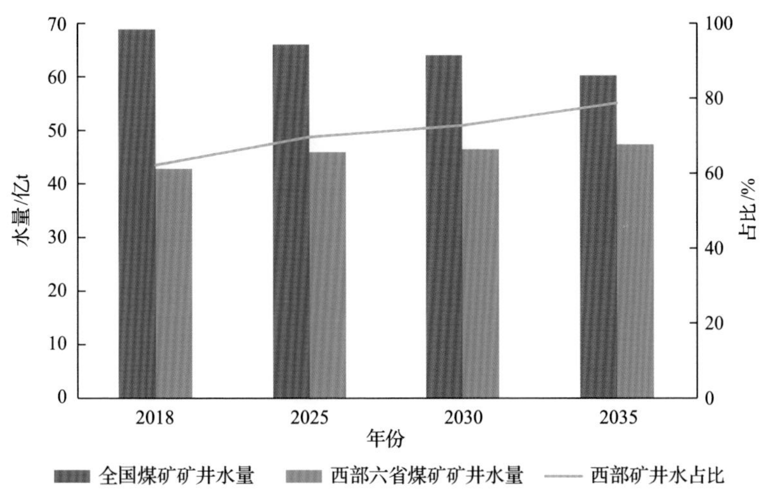

图 7-2　全国及西部煤矿矿井水量发展趋势

我国煤矿矿井水总量呈缓慢降低趋势，但到 2035 年仍可以稳定在每年 60 亿 m^3 以上，是长期稳定的非常规水资源，可有效地支撑我国矿区，尤其是西部矿区的高质量发展和生态修复用水。

二、我国金属矿需求与矿井水资源量发展趋势

(一)我国金属矿需求发展趋势

我国大约在 2030～2035 年之后步入后工业化发展阶段，未来金属矿产资源需求增速也开始显著减缓，大宗金属矿产资源会陆续达到需求峰值，需求结构将发

生重大变化。即便是步入后工业化发展阶段，金属矿产资源仍将保持较高的人均消费水平。为了实现“两个一百年”目标，我国仍需要大量的金属矿产资源作为支撑。

为了矿种之间具有可比性，采用需求指数分析，即设定 2015 年为 1，其他年值对应比例数值。2015～2035 年，在金属矿产资源需求预测结果中，多数金属矿产资源处于增长态势，较少金属矿产资源呈下降趋势(图 7-3)。

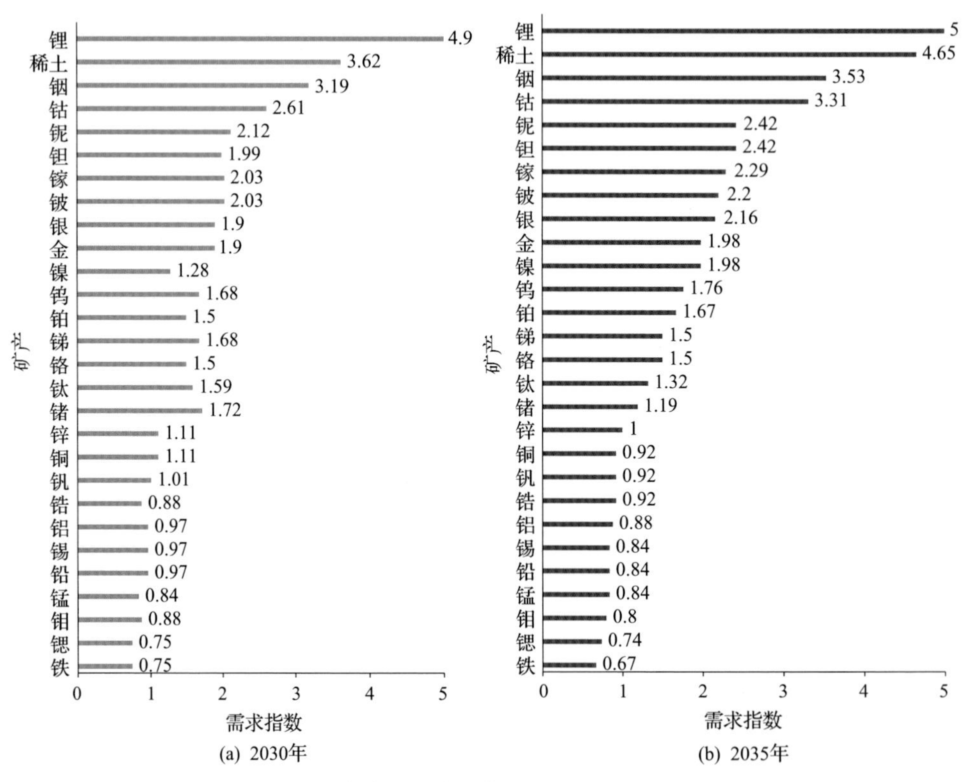

(a) 2030年　　(b) 2035年

图 7-3　中国矿产资源需求总体趋势(2015 年需求指数为 1)

从各矿产类看，黑色金属矿产的应用领域都与钢铁及钢材产业密切相关，也就是说，随着基础设施建设和社会财富积累水平达到一定程度，黑色金属矿产未来需求将放缓或减少，其中，粗钢需求已过峰值，其他矿种峰值也将于 2025 年之前到来。

有色金属矿产从应用领域上可分为两类：一类是铜、铅、锌、镍、钼等，多应用于传统产业，在新兴产业和新材料上没有大量使用，未来的需求增速将放缓，需求峰值在 2025 年之前到来；另一类是铝、钴、锡、钨、锑等，在新兴产业和新材料领域被大量应用，未来将保持大幅增长，需求峰值在 2025 年之后。

稀贵金属大多为战略性新兴产业矿产，在新能源、新材料应用上发挥着至关重要的作用，总体上看需求将保持快速增长趋势。多数矿产的需求峰值将在2035年之后到达。其中，锶和锆较特殊，这两种矿产在传统产业中作为涂料和玻璃原料被大量使用，随着在新兴产业领域的不断应用，在传统产业消费占比将逐步减少，故出现需求减少或增长速度放缓势头，但在新兴产业领域的需求量将保持增长。

2018～2035年主要金属矿产资源的累计需求量相较于2001～2017年的累计需求量均呈现不同程度的上升(表7-2)。

表7-2　主要金属矿产资源2018～2035年与2001～2017年累计需求比

矿类	矿种	2018～2035年累计需求量/2001～2017年累计需求量
黑色金属矿产	铁矿石	1.2
	锰	1.5
	铬	1.8
	钒	2.7
	钛	3.4
有色金属矿产	铜	2.1
	铝	2.2
	铅	1.7
	锌	1.7
	镍	3.0
	钴	4.5
	钼	1.5
	钨	2.6
	锡	1.4
	锑	2.3
贵金属矿产	金	3.1
	银	2.8
	铂	1.8
	稀土-REO	3.9

注：REO为稀土元素氧化物。

(二)我国金属矿矿井水资源量发展趋势

由于我国金属矿产资源需求从全面高速增长向差异化增长转变。2025年前多数大宗金属矿产将陆续达到需求峰值。随着工业化进程趋于成熟，人均收入不断提高，城市化率、基础设施建设和社会财富积累水平持续提升，产业结构转型升级加快，大宗金属矿产资源需求将放缓。相应的金属矿矿井水水量总体也是呈现缓慢下降趋势，预测在 2035 年小于 18.80 亿 m^3，作为非常重要的非常规水资源，对地区生态平衡具有重要影响。

三、我国矿井水保护利用工程科技发展趋势

(一)煤炭开采水资源保护技术发展趋势

1. *矿井水保护技术发展历程*

我国矿井水保护相关的技术研究与工程实践开始于 20 世纪 90 年代，主要经历了三个主要阶段，如图 7-4 所示。

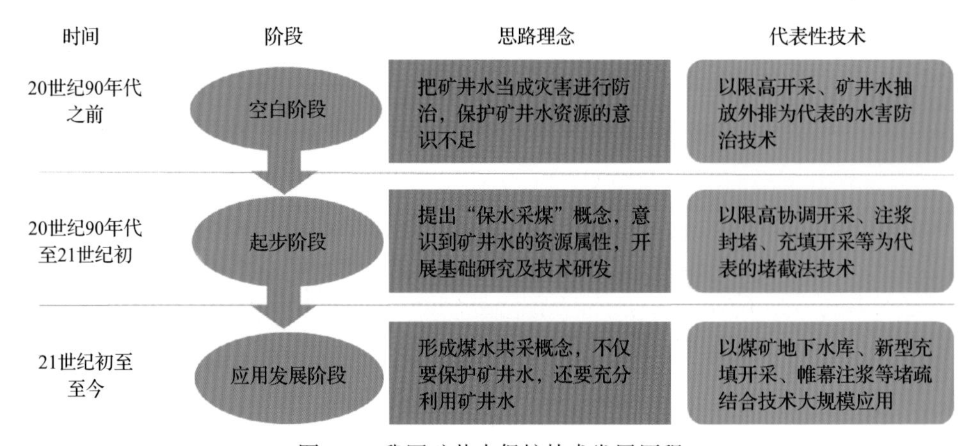

图 7-4 我国矿井水保护技术发展历程

第一阶段：空白阶段(20 世纪 90 年代之前)。该阶段国家及煤矿企业都尚未将煤炭开采过程中产生的矿井水当成一种资源，无矿井水资源保护的意识，尤其是煤矿企业只是将矿井水当成水害的源头，多采取限高开采、矿井水抽放等技术手段，尽量减小矿井水对煤矿安全生产造成的影响。

第二阶段：起步阶段(20 世纪 90 年代至 21 世纪初)。该阶段国家及煤矿企业(尤其是西部煤矿)开始意识到矿井水的资源属性，提出“保水采煤”的理念，科研院所也开始初步开展相关的基础研究和技术研发，结合煤矿企业的现场实际情况，逐步形成了以限高协调开采、注浆封堵、充填开采等为代表的堵截法保水采煤技术。

第三阶段：应用发展阶段(21 世纪初至今)。该阶段国家及煤矿企业意识到在煤矿开采过程中，不仅要保护矿井水不被破坏浪费，还要充分利用矿井水，这就

形成了煤水共采的理念。国家能源集团顾大钊院士团队在神东矿区创造性地研发了煤矿地下水库技术，实现了矿井水资源的大规模利用。此外，通过相关科研院所的不断努力，以“堵截法”为核心的传统矿井水保护技术也得到了进一步发展，新型充填开采、帷幕注浆等技术开始在煤矿企业应用。

2. 矿井水资源保护技术发展趋势

由上述矿井水保护技术发展历程的分析可以看出，矿井水保护技术的发展从无到有，逐步形成了以煤矿地下水库为代表的疏导法和以充填开采为代表的堵截法。根据我国煤炭行业发展趋势并结合国家政策，我国矿井水保护技术的发展趋势也主要围绕疏导法和堵截法两种矿井水保护方法不断拓展，见图 7-5。

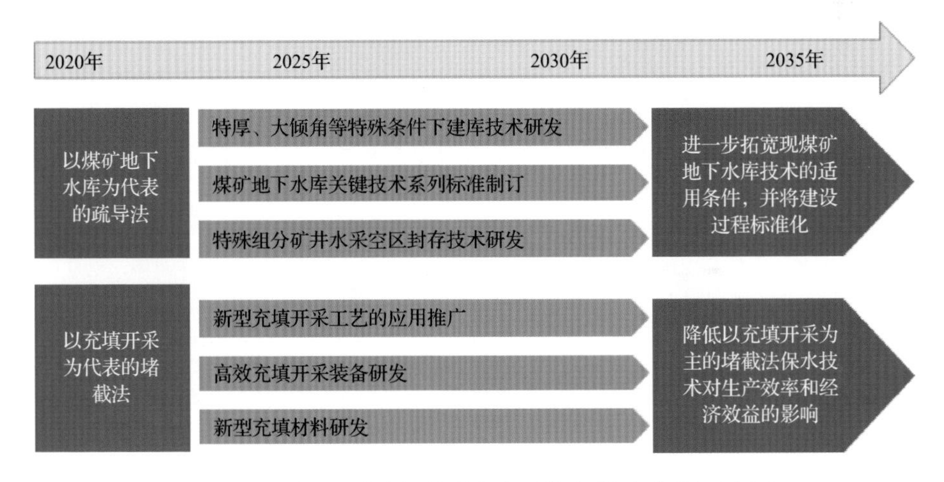

图 7-5　我国矿井水保护技术发展战略(技术路线)示意图

1) 以煤矿地下水库为代表的疏导法发展趋势

目前以煤矿地下水库为代表的疏导法在神东矿区得到了大规模的应用，但是受其他矿区采掘地质条件的限制，该技术尚未在其他矿区开展大规模应用，因此为了进一步拓宽煤矿地下水库技术的适用条件，并将建设运行过程标准化，未来发展的重点是以下两个方面：一是特厚、大倾角等特殊条件下建库技术研发；二是煤矿地下水库关键技术系列标准制订。

此外，基于矿井水井下处理的发展趋势，特殊组分矿井水采空区封存技术研发也将成为煤矿地下水库建设技术的另一个重要发展方向。

2) 以充填开采为代表的堵截法发展趋势

近年来，受国家相关环保政策的影响，充填开采越来越受到煤矿生产企业重视，但是该技术目前还存在成本高，效率低的问题。因此，以充填开采为代表的堵截法必须在新型充填开采工艺、高效充填开采装备及新型充填材料三个方面有所突破，以降低其对生产效率和经济效益的影响。

(二)矿井水处理利用技术发展趋势

1. *矿井水处理利用技术发展历程*

我国矿井水处理利用相关的技术研究与工程实践开始于20世纪80年代，至今主要经历了四个主要阶段，见图7-6。

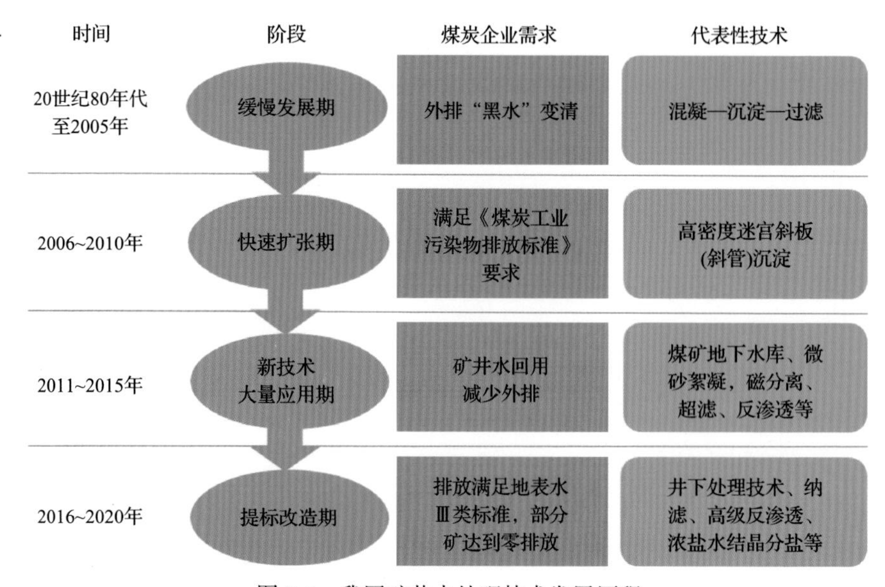

图7-6　我国矿井水处理技术发展历程

第一阶段：缓慢发展期(20世纪80年代至2005年)。该阶段国家针对矿井水的管理较为粗放，大多数中小型煤矿对矿井水不处理直接外排，对矿井水进行处理的企业中，对处理的要求也仅仅是简单去除矿井水中的煤粉等大颗粒悬浮物，让外排的“黑水”变清，代表性技术为“混凝—沉淀—过滤”。

第二阶段：快速扩张期(2006～2010年)。该阶段正处于我国经济高速发展期，经济发展带来对能源的巨大需求，国内新建煤矿项目大量上马，煤炭产能迅速提高。2006年，原国家环保总局颁布了《煤炭工业污染物排放标准》(GB 20426—2006)，要求所有煤矿外排矿井水的COD、悬浮物等六项指标必须达到标准要求限值，标志着我国对矿井水的管理逐渐实现正规化，倒逼煤炭企业开始重视矿井水处理问题。在该阶段，矿井水处理规模随着煤炭生产规模的提高实现了快速扩张，在传统“混凝—沉淀—过滤”的基础上，发展出“高密度迷宫斜板(斜管)沉淀”技术，矿井水处理率、水质达标率也大幅提升。

第三阶段：新技术大量应用期(2011～2015年)。该阶段国家对矿井水处理与利用重视程度越来越高，国家发改委、能源局和国务院等相继发布了《矿井水利用发展规划》、《水污染防治行动计划》(水十条)、《煤炭清洁高效利用行动计划》等，都要求加强矿井水的处理与利用水平。为了更好地处理与利用矿井水，煤炭企业应用了微砂絮凝、磁分离等新技术，同时随着我国煤炭开采主产区向西部地区的转移，高矿化度矿井水成为影响处理利用的主要问题，超滤、反渗透等技术的应用也开始逐年增多。

第四阶段：提标改造期(2016～2020年)。该阶段随着《水污染防治行动计划》(水十条)的深入开展，近年来，内蒙古、陕西、山西等西部煤炭主产区都要求煤炭企业将矿井水外排标准由《煤炭工业污染物排放标准》(GB 20426—2006)提高到《地表水环境质量标准》(GB 3838—2002)三类标准。地表水三类要求的基本水质项目有24项，远远多于《煤炭工业污染物排放标准》(GB 20426—2006)的6项，且在相同水质项目中，地表水三类的标准限值都要严格于《煤炭工业污染物排放标准》(GB 20426—2006)。但由于大多数煤矿矿井水处理站是按照《煤炭工业污染物排放标准》(GB 20426—2006)建造的，需要大幅度提标改造才能满足新的标准要求，另外大部分新建煤矿按照环评要求必须达到污水零排放，井下处理、纳滤、高级反渗透、浓盐水结晶分盐等技术得到大量应用。

2. 处理利用技术发展趋势

由矿井水处理利用技术发展历程的分析可以看出，矿井水处理利用技术的发展除了受新技术发展的影响外，还与国家政策、煤炭行业的发展等紧密相关。根据我国煤炭行业发展趋势及国家政策，总结我国矿井水处理利用技术的三个发展趋势(图7-7)。

1) 井下处理将成为矿井水资源化的重要趋势

井下处理是当前矿井水处理的热点研究方向，井下处理除了可有效利用井下空间、减少地面征地费用、减少矿井水提升费用等优势之外，更重要的是有利于实现矿井水的处理、储存一体化，为矿井水零排放提供了技术经济上可行的解决方案。该技术应充分利用煤矿地下水库的自然净化作用，协同与强化煤矿地下水库过滤、吸附和交换作用，支撑矿井水的大规模低成本处理；大力开发井下高效处理装置，研发可用于井下处理的大宗量低成本天然矿物和粉煤灰材料；综合构建库前预处理—库内自然净化—库后深度处理—浓盐水封存的矿井水井下处理体系，实现矿井水高效低成本处理和零排放。在处理装备方面，为了适应井下环境，要研发小型化、模块化、智能化的装备，实现井下无人值守自动处理。

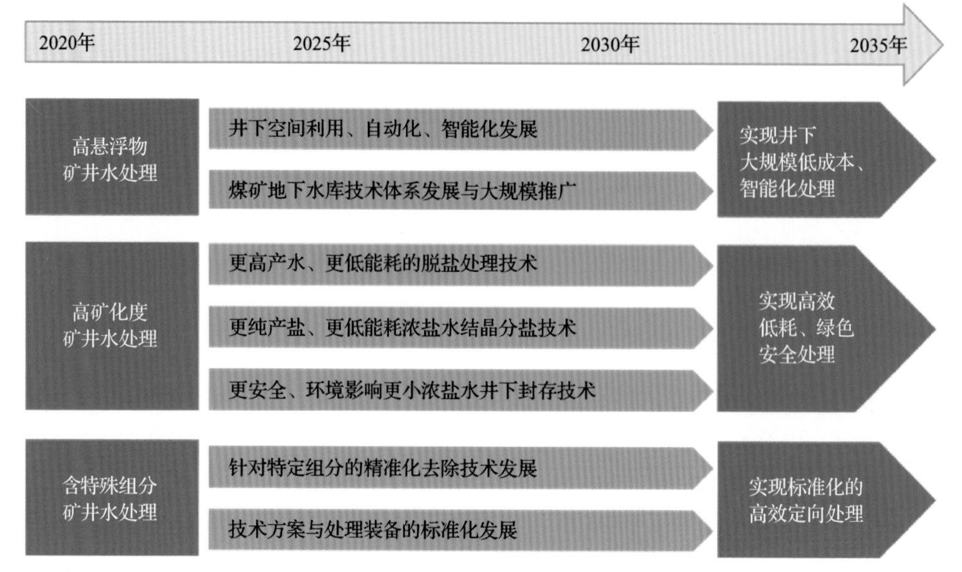

图 7-7　我国矿井水处理技术发展趋势

2）高矿化度矿井水处理及零排放新技术日益增多

目前，高矿化度矿井水处理及零排放技术最大的问题是投资和运行成本高，因此，其技术发展趋势是：①针对浓缩处理和蒸发结晶的关键技术开展研究；②针对如何减少投资和运行成本开展研究；③结晶盐的处理与利用研究。关键技术研发包括提高浓缩倍率技术来减少吨水能耗，高通量、耐污堵、低成本、长寿命的新型膜材料，膜污染控制技术，蒸发结晶过程的结垢腐蚀控制技术等。减少投资和运行成本研究方面，主要是研发利用太阳能、风能、地热等新能源，以及矿区电厂、煤化工的余热等低成本的能源来降低整体处理成本。随着矿井水零排放工程的逐年增多，结晶盐的处理利用问题越来越严峻，很多煤矿零排放处理后产生的硫酸钠和氯化钠没有销售与利用渠道，越堆越多，杂盐更是难以处理。全国煤矿每年约 68.8 亿 m^3 矿井水，其中近半为高矿化度矿井水，如果严格执行零排放政策，假设按照平均 3000mg/L 的 TDS 浓度计算，每年将产生千万吨级的结晶盐。目前解决思路是：①利用相关配套产业来消纳结晶盐；②利用双极膜组合工艺等先进技术，将结晶盐硫酸钠转化为高附加值的氢氧化钠和硫酸，通过产能置换实现节能脱盐。近期另外一个研发重点趋势是利用井下采空来封存浓盐水。高矿化度矿井水在井下直接处理后，清水提升地面回用，而浓盐水可以直接封存在井下采空区内，无须进行蒸发结晶处理，也不存在结晶盐处理的问题。另外，相关的封存技术、选址技术、安全与环境影响评价等都是研究重点。

3) 矿井水特殊组分处理技术向精准化、标准化发展

常见的含特殊组分矿井水主要有高氟矿井水，高铁、锰矿井水，含重金属矿井水以及放射性矿井水。这些含特殊组分矿井水的形成，大部分都是由原生水文地质条件引起的，且水质特征各异，目前基本上没有通用的技术方案与成套装备，造成不同案例之间的处理工艺处理效果和处理成本差异较大。目前含特殊组分矿井水处理技术的首要发展趋势是精准化，目标是针对不同的污染组分实现高效定向去除。由于矿井水中污染物主要来自地下水，其中含有各种阴阳离子，对矿井水中特殊离子的去除有竞争、干扰等作用，例如，利用吸附法去除矿井水中 F^- 时，同为负一价的 Cl^- 跟 F^- 之间就会产生竞争吸附现象，吸附剂大量吸附 Cl^- 而影响了对 F^- 的吸附，亟须开发特殊污染组分的高效定向去除技术。第二个发展趋势是标准化，目标是开发特殊污染组分通用性的技术方案与成套装备，需要通过大量的个体案例的总结与不断的技术积累与改进，形成行业内普遍认可的最佳可行技术方案与成套装备。

四、总体发展战略

(一) 总体战略目标

1. 指导思想

以习近平新时代中国特色社会主义思想为指导，坚持绿色发展理念，全面对接新时代西部大开发、黄河流域生态保护和高质量发展等国家战略，根据 2035 建成美丽中国的总体要求，通过科技创新和体制机制创新，推动我国矿井水保护与利用水平不断迈上新台阶，支撑矿区生态修复和高质量发展，实现煤炭和金属矿行业可持续发展。

2. 预期目标

依托“煤炭清洁高效利用”重大专项等国家科技项目及企业攻关项目，建立系统的矿井水资源保护理论框架和技术体系，突破矿井水大规模低成本处理技术难题，建立矿井水高效利用政策保障体系，不断优化体制机制，实现矿井水资源有效保护和高效利用。到 2035 年，煤矿矿井水和金属矿矿井水利用率分别达到 80%和 90%，年有效利用矿井水 60 亿 m^3 左右，为美丽中国建设和我国矿产行业高质量发展做出更大贡献。

到 2025 年，煤矿地下水库储水规模达到 1 亿 m^3，充填开采技术成本下降 20%以上，我国煤矿矿井水利用率达到 55%，金属矿矿井水利用率达到 80%，金属矿选矿废水处理成本下降 10%以上。

到 2030 年，煤矿地下水库储水规模达到 3 亿 m^3，充填开采技术成本下降 40%以上，我国煤矿矿井水利用率达到 70%，金属矿矿井水利用率达到 85%，金属矿选矿废水处理成本下降 20%以上。

到 2035 年，煤矿地下水库储水规模达到 5 亿 m^3，充填开采技术成本下降 50%以上，我国煤矿矿井水利用率达到 80%，全国金属矿矿井水利用率达到 90%，金属矿选矿废水处理成本下降 30%以上。

3. 经济社会环境效益

以 2025 年、2030 年、2035 年我国煤炭矿井水利用率分别达到 55%、70%、80%，金属矿矿井水 2035 年达到 80%为目标，对矿井水利用情况进行了情景分析。

随着煤矿矿井水利用率由 2018 年的 35%提高到 2035 年的 80%，到 2035 年我国西部地区将新增利用 23 亿 m^3 煤矿矿井水（图 7-8），能够支撑 32 万 hm^2 的生态复垦（目前全国累计煤炭开采损伤土地面积 100 万 hm^2），1 亿 t 煤制油和 2000 万 t 煤制烯烃生产。2035 年新增矿井水可支撑的工业产值和生态复垦面积见表 7-3 和表 7-4。

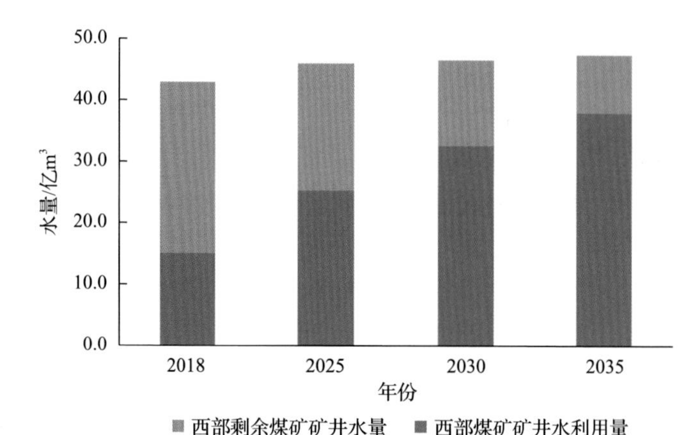

图 7-8　西部地区煤矿矿井水利用量变化趋势

表 7-3　2035 年我国新增矿井水可支撑工业产值

类别	每吨产品耗水量/t	产量/t	用水总量/亿 m^3	万元工业产值用水量/(t/万元)	增加工业产值/亿元
煤制油	6	1.0	6	17.5	3429
煤制烯烃	20	0.2	4	62.3	642

表 7-4　2035 年我国新增矿井水可支撑生态复垦面积

类别	每公顷需水量/m^3	用水总量/亿 m^3	复垦面积/万 hm^2
生态复垦	4050	13	32

(二)技术路线

围绕国家经济社会发展战略需求，针对我国矿井水保护利用中关键科技瓶颈问题，大力支持相关基础研究，重点突破关键技术，开展重大工程示范，实现从开发源头控制采动对水资源的损害，提高矿井水资源综合利用水平，为绿色开采和矿区高质量发展提供水资源保障。2035 我国矿井水保护利用战略实现技术路线见图 7-9。

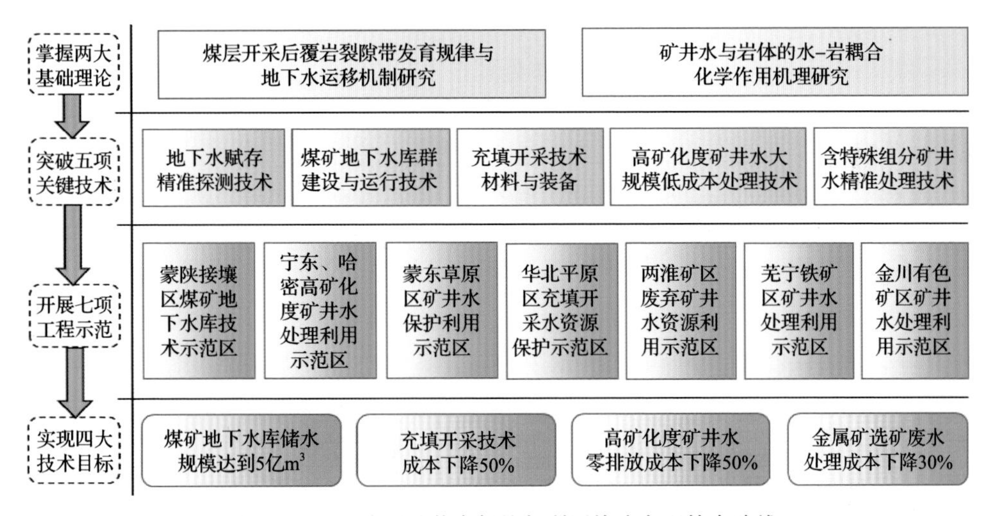

图 7-9　2035 我国矿井水保护与利用战略实现技术路线

1. 基础理论

(1)煤层开采覆岩裂隙带发育规律与地下水运移机制研究。研究大规模高强度煤炭开采条件下上覆岩层导水裂隙带发育规律，分析煤炭开采工艺参数与采动应力场、裂隙场和渗流场的关系；系统掌握采空区垮落岩体空隙空间分布与时空演变规律；建立煤层开采地下水运移物理实验模型，揭示矿井水在采空区和覆岩中的渗流路径和运移规律。

(2)矿井水水-岩耦合化学作用机理研究。采用数值模拟和物理模拟实验相结合的方法建立典型地质和开采条件下水-岩耦合作用模拟模型，掌握矿井水运移和储存过程中水-岩耦合作用下地下水水质变化规律，揭示水-岩耦合化学作用的主要反应机理；探讨矿井水自净化机理，为矿井水存储和利用提供理论依据和应用指导。

2. 关键技术

(1)地下水赋存精准探测技术：研究复杂水文地质条件下开采上覆岩层结构和

富水特征的精准探测技术，突破现有物探方法的局限性，重点研发精准测探仪器与装备，实现矿井水源、水量及导水通道等矿井水文地质信息的精准探查和预测，为矿井水保护利用方案的制订和相关措施的精准实施提供支撑。

(2) 充填开采技术材料与装备。关键是在新型高效充填开采工艺和装备，以及低成本充填材料等方面开展科技攻关。通过研发高效充填支架及配套装备，从根本上降低充填工序对工作面回采效率的影响；研发充分利用煤矸石等材料进行充填的同时，突破低成本、高强度充填材料技术，提高充填开采生产效率的同时降低成本并更好地保护地下含水层，实现煤炭开采与水资源保护协调发展。

(3) 高矿化度矿井水大规模低成本处理技术。重点研发高矿化度矿井水井下处理技术与装备，突破浓盐水高效浓缩膜集成技术，使反渗透、离子膜等关键膜材料性能达到国际领先水平，开发高浓盐水的井下采空区封存技术，结合矿区内工业余热、太阳能、地热能等热源丰富的特点，重点突破低温多效蒸发、膜蒸馏等热法和膜法-热法耦合处理技术最终形成高矿化度矿井水大规模低成本技术体系并大规模示范。

(4) 含特殊组分矿井水精准处理技术。针对矿井水中特殊组分(如煤矿矿井水中的氟化物、铁、锰，金属矿矿井水中的重金属等)加大对特殊污染物的来源、赋存特征和迁移转化机理等基础理论的研究，重点研发特殊组分定向精准去除技术和大规模处理装备，实现特殊组分处理工艺的标准化和规模化。

3. 工程示范

(1) 蒙陕接壤区煤矿地下水库技术示范区。该区域是我国煤炭赋存条件最好的矿区，煤层厚，适合大规模高强度开发。在神东矿区煤矿地下水库工程基础之上，进一步向周边矿区进行技术推广应用，研发大埋深、倾斜煤层等不同工况条件下的地下水库建库理论与技术，在新街亿吨级新建矿区进行推广应用，在蒙陕地区建成超大规模煤矿地下水库群，储存矿井水超 2 亿 m^3，满足矿区及周边生产、生活和生态用水需求。

(2) 宁东、哈密高矿化度矿井水处理利用示范区。宁东和哈密矿区属于我国大型煤电和煤化工基地，区域内煤电、煤化工项目对水资源需求巨大，同时矿井水的矿化度普遍较高，区域内有丰富的工业余热、太阳能、地热能等热源。在宁东和哈密重点开展高矿化度矿井水大规模低成本技术示范，满足区域内煤基能源产业用水需求。

(3) 蒙东草原区矿井水保护利用示范区。蒙东地区多以露天开采为主，对地表水系、浅层地下水和地表生态的破坏与井工矿具有较大区别。重点研发与应用以露天矿地下水库为主的矿井水资源保护利用技术，并结合草原区生态的特点，研发适合于生态恢复利用的矿井水处理利用体系，应用于大规模草原生态恢复浇灌。

(4)华北平原区充填开采水资源保护示范区。华北平原区煤炭资源日趋枯竭，开采深度大，区域地下水位持续下降，产生的矸石占用大量土地。另外，矿区内村庄、道路等保护目标较多，需要控制沉陷。为保护地下水资源、处理矸石并保护地面目标，在华北平原区大力推广应用充填开采技术，研发大规模、高效率、低成本充填技术和成套装备，在确保煤炭生产效率的同时更好地保护地下含水层，实现煤炭开采与水资源保护协调。

(5)两淮矿区废弃矿井水资源利用示范区。两淮地区由于资源枯竭和产能退出等原因，废弃矿井逐年增多，但废弃矿井水资源未能得到有效治理和利用。充分利用废弃矿井地下空间，重点突破与应用煤矿地下水库、地下污水处理中心、分布式抽水蓄能电站等水资源精准开发技术，实现废弃矿井水的充分利用，为我国资源枯竭矿区的转型提供支撑。

(6)芜宁铁矿区矿井水处理利用示范区。矿区内人员和工业产业密集，地表水和地下水十分丰富，形成的洁净矿井水经过常规处理后作为矿区生活用水使用，对含污染物矿井水，研发井下收集净化处理系统，将净化处理后的矿井水供给井下生产用水、选矿用水、发电站用水、生态用水等，实现矿井水区域综合性利用。

(7)金川有色矿区矿井水处理利用示范区。金川矿区位于缺水严重的西北，以镍矿为主，伴生有铜、铂、钴等十八种有色和稀有金属，矿井水及选矿废水成分复杂，处理难度大。重点研发井下梯级沉淀体系、特殊组分定向去除技术、优化升级尾矿库中的节水系统，尽可能减少水损失，打造生产用水的闭环循环，最终实现金川矿区矿水资源在区域内循环利用和零排放。

五、我国矿井水保护利用存在的问题与政策建议

(一)我国矿井水管理政策发展历程

我国矿井水管理政策发展大致经历了“管理逐渐规范”“规划指导”“政策引导”三大阶段，如图 7-10 所示。

由于矿井水是煤炭开采破坏含水层间接产生的，早期一直被看作是影响矿井安全的“水害”进行排放，并不算作工业废水，也不被看作水资源。国务院 1993 年 8 月发布的《取水许可制度实施办法》中，规定了为保障矿井等地下工程施工安全和生产安全必须取水的免予申请取水许可证。1994 年 7 月，原国家计委和财政部发布的《关于对煤矿矿井水和采用直流方式的电厂冷却水收取污水排污费的有关通知》文件中，指明了在煤炭开采过程中抽放的矿井水的污染物成分主

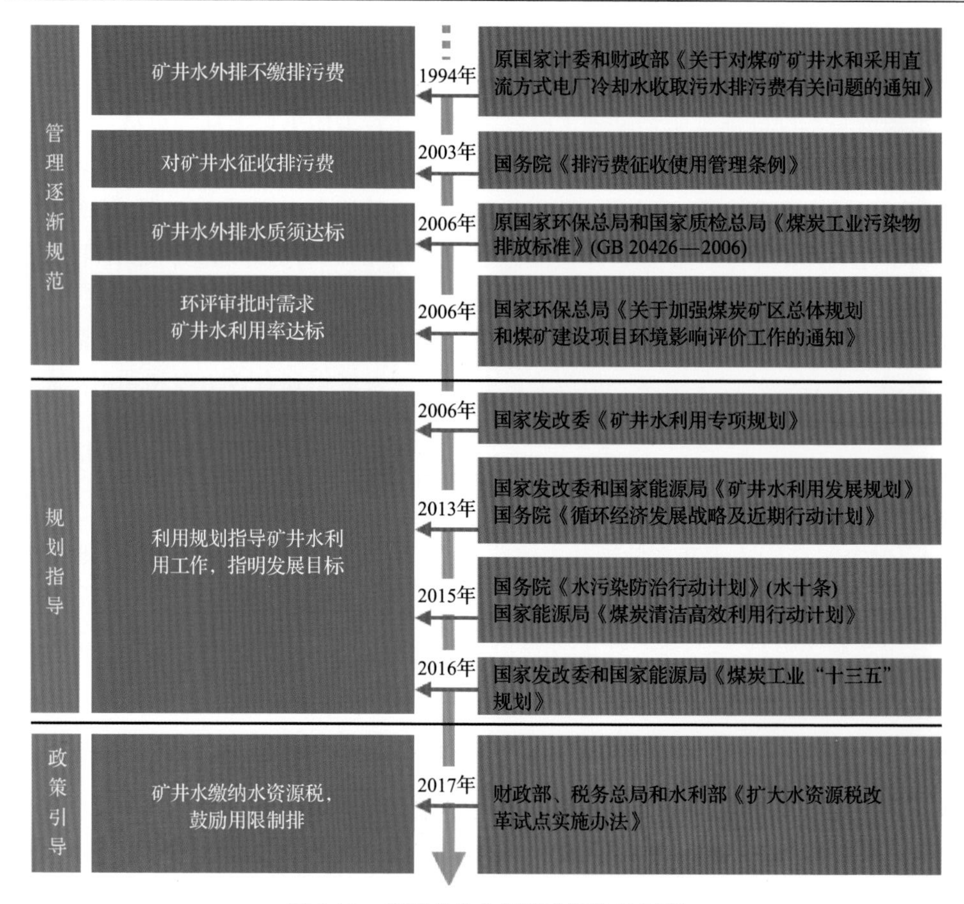

图 7-10　我国矿井水相关政策发展历程

要是煤粉、岩粉等悬浮物，一般不降低水体水质，不用于污水排污费的征收范围。进入 21 世纪以后，我国煤炭开采进入活跃期，大量矿井水外排造成了许多环境问题。为了规范矿井水的处理与利用，国务院在 2003 年发布的《排污费征收使用管理条例》中规定对外排矿井水征收排污费。为了进一步限制矿井水的外排，2006 年原国家环保总局发布了《关于加强煤炭矿区总体规划和煤矿建设项目环境影响评价工作的通知》，通过规范煤矿建设项目环评审批，严格准入条件，要求在水资源短缺地区矿井水复用率应达到 70%以上，严重干旱缺水地区应达到 90%以上。同时，在 2006 年原国家环保总局和原国家质检总局发布了《煤炭工业污染物排放标准》(GB 20426—2006)，要求所有煤矿外排矿井水的 COD、悬浮物等六项指标必须达到标准要求限值，这标志着煤矿矿井水的管理达到了规范化。简而言之，2006 年之前属于煤矿矿井水的“管理逐渐规范”阶段。

此后，由于我国煤矿矿井水量逐年增加，煤矿矿井水的水资源属性逐渐被重视，国家和行业管理部门开始认识到矿井水保护利用的必要性，并制定了相关的规划进行指导，煤矿矿井水的管理进入“规划指导”阶段。2006 年 12 月初，国家发改委颁布了《矿井水利用专项规划》；2013 年国家发改委、国家能源局联合印发了《矿井水利用发展规划》；2015 年，国家能源局印发了《煤炭清洁高效利用行动计划》；2016 年国家发改委和国家能源局印发了《煤炭工业发展“十三五”规划》。以上 4 个规划都对煤矿矿井水利用工作提出了指导思想和发展目标，是我国矿井水利用工作的指导性文件。

2017 年 12 月 1 日，《扩大水资源税改革试点实施办法》开始执行，标志着我国煤矿矿井水管理进入“政策引导”阶段。水资源税改革利用税收调节作用，鼓励矿井水回用并限制外排，对提高矿井水处理与利用起到了非常好的引导作用。

（二）我国矿井水利用存在的主要政策问题

我国煤矿矿井水综合利用起步较晚，随着矿区水资源的日益紧张，对矿井水的保护利用工作越来越重视，开展了很多研究工作，解决了部分工业项目无水指标问题，无序外排现象被有效遏制，水环境质量明显改善。但同时也存在一些政策问题，制约了矿井水利用的进一步发展。主要问题包括以下几方面。

1. 缺少矿井水利用的区域整体规划

煤矿矿井水空间分布不平衡，在煤矿矿井水丰富的区域，煤矿矿井水除被煤矿自身利用一部分外，多余的部分无处配置，同时在缺水区域又无水可用，这就造成了水资源浪费。由于缺少矿井水利用的区域整体规划，目前各地区出于地方利益的考虑，限制矿井水跨区域调用，严重影响了矿井水资源的优化配置。

2. 缺乏对矿井水利用的相关扶持政策

煤矿矿井水作为非常规水源利用具有较强的公益性特征，相比常规地表和地下水资源，非常规水源的建设与处理成本相对较高，在行业发展初期尤其需要政府大力扶持。然而，目前国家在财政、税收、投融资、价格等方面尚没有扶持政策，企业投资经营积极性不高，用户用量增长缓慢，造成非常规水源的开发利用难以快速发展。

3. 零排放政策执行中存在误区

煤矿建设初期进行环境影响评价时，为了能够快速通过环评审查，往往都会承诺矿井水零排放。煤矿建设完成后实际运营时，由于涌水量变大、规划的利用方式不合理等原因，大量煤矿无法实现矿井水零排放。同时目前的零排放要求是不能排水，深度处理后的高品质水也不能排放。现实中，零排放政策更应该是指污染物的零排放，应该允许企业将产水中的污染物去除后外排地表水体，起到净化地表水体、改善生态环境、给下游补水等作用。

4. 水资源税的制定及执行仍需优化

一些西部产煤大省的水资源税政策中，制定的矿井水利用的税率与外排的税率之间差距太小，造成煤炭企业外排矿井水的成本过低，没有起到引导与鼓励矿井水利用的作用。例如，宁夏部分煤矿企业，由于矿井水外排的水资源税率低，且黄河水价相对处理矿井水的成本低，宁愿利用黄河水作为生产生活用水，也会把宝贵的矿井水外排。另外在水资源税的矿井水计征执行方面，西部部分省份没有严格要求煤矿安装矿井水取用及排放计量设施，而是选择根据煤矿产量在开采环节由主管税务机关依据本省统一的吨煤排水量进行计量，影响了煤矿企业保护与利用矿井水的积极性。

5. 矿井水利用排放标准亟待研究和更新

目前矿井水利用方面还存在一些“模糊地带”，例如利用处理达标后的矿井水对自然水体进行生态补水，或者利用矿井水为人造景观水体供水，但实际操作过程中，很多企业打着生态用水的名义，实际外排矿井水。这些模糊地带给地方环保部门的执法带来了很多难题，亟须出台一个矿井水利用方式的国家标准，对各种利用方式进行准确的界定。

目前执行的《煤炭工业污染物排放标准》(GB 20426—2006)，是 2006 年发布的，仅对矿井水总悬浮物等六项指标规定了最高排放浓度，经过十几年的发展，该标准存在指标项目偏少和标准限值偏低的问题。近年来，内蒙古自治区、山西省等地区都规定矿井水外排必须达到《地表水环境质量标准》(GB 3838—2002) Ⅲ类，基本水质项目有 24 项，总控制项目更高达 109 项，企业很难真正满足标准，大幅加重了企业负担。

(三)进一步完善我国矿井水保护利用的政策建议

矿井水保护利用是一个跨部门、跨行业的系统工程，要坚持全面规划、合理开发、统筹兼顾、高效利用的原则，以企业为主体，以市场为导向，以科技创新和体制机制创新为引领，强化全过程监管，加强政策引导和激励，为生态文明建设和高质量发展做出更大贡献。相关建议如下：

1. 摸清家底，加强规划

1) 加强矿井水从产生到利用的全过程监管

矿井水资源量的统计是做好矿井水利用工作的重要前提。应尽快建立全国和省区层面的矿井水数据库，利用大数据、物联网等信息化手段，详细记录矿井水的水量、水质、利用和排放去向等数据，探索建立矿井水智慧水务系统，确保统计的矿井水基础数据的真实性，为矿井水统筹规划利用提供数据基础。

2) 加强对矿井水利用的科学规划

组织全国大型矿区完成详细的矿井水利用规划方案，按照“分质处理、分级利用”原则进行科学规划，鼓励矿井水跨省、市、地区调配，并明确将矿井水资源量纳入水权交易范畴，可与黄河水指标按一定比例进行置换，推进矿井水跨区域高效利用。

2. 优化标准，政策引导

1) 优化矿井水排放和利用标准

目前使用的《煤炭工业污染物排放标准》(GB 20426—2006)是 2006 年发布实施的，目前，该标准已难以适应国家环境保护的最新要求，亟须启动修订。同时，也应矫正矿井水“零排放”概念，避免盲目追求“零排放”和提高外排标准。各煤炭主产省区应根据区域水环境功能，合理制定区域排放标准。要根据地区山水林田湖草沙的用水需求，因地制宜地科学制定矿井水生态利用的水质标准，既杜绝借“生态补水”“景观用水”的名义进行违规外排，又能科学合理地利用矿井水，为生态修复提供水资源保障。

2) 政策引导、市场化运作调动矿井水利用积极性

继续扩大水资源税的应用试点，适当拉开矿井水外排税率与回用税率，对矿井水处理利用工程在征地、用电价格上给予支持，反向倒逼和正向激励相结合，推进企业主动实施矿井水处理利用工程。对矿区周边企业实行矿井水与常规水源配额制，提高常规水源取水成本，鼓励企业优先使用矿井水。还原矿井水资源的物权属性，允许和鼓励企业将处理好的矿井水作为商品进行自由交易并产生收益，建立煤炭企业、政府、用户多方共同投资，共享收益的矿井水处理和利用模式。

3. 创新驱动，应用推广

1) 加强对矿井水保护利用技术研发的支持

矿井水保护利用技术是煤炭清洁高效利用重大专项的重要研发内容。建议尽

快正式启动该专项，加大对煤矿地下水库技术、矿井水井下处理关键技术与装备、高矿化度和含特殊污染物矿井水处理技术的研发支持，通过持续的科技攻关，实现矿井水的大规模低成本处理。

2) 鼓励先进技术应用示范

建立矿井水资源保护与利用先进技术和装备名录，加强先进技术的推广，鼓励企业应用新技术。以国内优秀矿山企业为依托，推进建设“矿井水资源高效利用国家工程研究中心”，尽快建立矿井水综合利用典型示范工程，发挥国家平台的引领作用，加快先进技术产业化推广进程，推进我国煤炭绿色开发水平再上新台阶。

主要参考文献

艾凯数据研究中心. 2015. 2010-2015年铅锌矿产业市场深度分析及发展前景预测报告. 北京.

敖顺福, 江锐, 刘志成, 等. 2017. 会泽铅锌矿选矿废水处理技术进展. 矿产保护与利用, 5: 67-71.

毕献武, 董少花. 2014. 我国矿产资源高效清洁利用进展与展望. 矿物岩石地球化学通报, 33(1): 14-22.

曹玉川, 曹昉. 2016. 煤矿矿井水处理利用工艺技术与设计. 北京: 化学工业出版社.

曹志国, 何瑞敏, 王兴峰. 2014. 地下水受煤炭开采的影响及其储存利用技术. 煤炭科学技术, 42(12): 113-116, 128.

曹祖民, 高亮, 高岗, 等. 2004. 矿井水净化及资源化成套技术与装备. 北京: 煤炭工业出版社.

陈德杰, 杨晶, 李虎民, 等. 2019. 生态文明矿区建设及其评价——以陕西华电榆横煤电有限责任公司为例. 中国煤炭, 45(1): 26-32.

陈伏昌, 巢苗平. 1998. 东乡铜矿井下水防治及综合利用. 江西铜业工程, 1: 32-35.

陈豁祥, 张崇岩, 赖活生. 2007. 板石沟铁矿上青矿井下废水综合治理. 露天采矿技术, 6: 55-57.

陈心凤. 2011. 接触氧化法和吸附法对水中铁锰的去除试验研究. 杭州: 浙江大学学位论文.

程建忠, 车丽萍. 2010. 中国稀土资源开采现状及发展趋势. 稀土, 31(2): 65-69.

程金泉. 2002. 导水裂隙带发育高度研究. 煤炭科技, 3(3): 5-6.

程坤, 杨宝贵, 张宝刚, 等. 2018. 我国煤矿充填开采技术现状及发展方向. 煤炭技术, 37(3): 73-76.

崔海平, 孙国栋, 冀奉之. 2002. 金岭铁矿矿山防治水实践. 山东冶金, 6: 5-6.

代涛, 陈其慎, 于汶加. 2015. 全球锌消费及需求预测与中国锌产业发展. 资源科学, 37(5): 951-960.

代涛, 文博杰, 梁靓, 等. 2017. 铅消费规律探索及中国需求预测. 地球学报, 38(1): 61-68.

代枝兴. 2019. 关于矿山废水处理的深入研究. 环境与发展, 31(1): 36-37.

邸秋莺. 2005. 含氟废水混凝沉淀处理工艺的研究. 哈尔滨: 哈尔滨工业大学学位论文.

鄂尔多斯市水务局. 2018. 鄂尔多斯市煤矿疏干水综合利用情况汇报. 鄂尔多斯: 鄂尔多斯水务局.

范大明, 余璨. 2017. 滇西金顶铅锌矿跑马坪矿段水文地质条件及涌水量预测. 河北地质大学学报, 40(6): 28-33.

范浩. 2015. 我国煤矿充填开采的研究进展. 煤炭技术, 34(1): 7-8.

冯光明, 贾凯军, 尚宝宝. 2015. 超高水充填材料在采矿工程中的应用与展望. 煤炭科学技术, 43(1): 5-9.

冯光明. 2009. 超高水充填材料及其充填开采技术研究与应用. 徐州: 中国矿业大学.

付彦伟. 2015. 阜蒙县铁矿矿区水资源合理利用探讨. 东北水利水电, 33(1): 14-15.
高海生. 2014. 化学沉淀法处理含氟废水的研究. 太原: 太原理工大学.
顾大钊. 2015. 煤矿地下水库理论框架和技术体系. 煤炭学报, 40(2): 239-246.
顾大钊, 张建民. 2012. 西部矿区现代煤炭开采对地下水赋存环境的影响. 煤炭科学技术, 40(12): 114-117.
顾大钊, 张勇, 曹志国. 2016. 我国煤炭开采水资源保护利用技术研究进展. 煤炭科学技术, 44(1): 1-7.
管大林. 2002. 煤矿矿井水处理站设计. 安徽建筑, 4: 107-108.
郭长伟. 2018. 梯级处理, 循环使用论西北沙漠贫水区矿井水资源深层次利用. 内蒙古煤炭经济, 20: 116-117.
郭娟. 2013. 煤矿酸性矿井水处理方法研究. 能源环境保护, 27: 39-42.
郭强. 2018. 煤矿矿井水井下处理及废水零排放技术进展. 洁净煤技术, 24: 33-37, 56.
国家煤炭工业局. 2000. 建筑物、水体、铁路及主要井巷煤柱留设与压煤开采规程. 北京: 煤炭工业出版社.
国家能源集团技术经济研究院. 2019. 能源数据参阅手册(2019). 北京: 国家能源集团.
国土资源部. 2012. 全国矿产资源储量通报.
韩勇, 刘占波, 宗海东, 等. 2019. 对矿井水梯级利用的探索与实践//第二十五届粤鲁冀晋川辽陕京赣闽十省市金属学会矿业学术交流会, 广州.
何绪文, 贾建丽, 2009. 矿井水处理及资源化的理论与实践. 北京: 煤炭工业出版社.
何绪文, 肖宝清, 王平. 2002. 废水处理与矿井水资源化. 北京: 煤炭工业出版社.
何绪文, 张晓航, 李福勤, 等. 2018. 煤矿矿井水资源化综合利用体系与技术创新. 煤炭科学技术, 46(9): 4-11.
侯忠杰. 1999. 浅埋煤层关键层研究. 煤炭学报, 24(4): 359-363.
侯宗林. 2006. 中国黄金资源潜力与可持续发展. 地质找矿论丛, 21(3): 151-155.
胡晓瑜, 王卫兴. 2013. 海水淡化及综合利用技术. 广东化工, 40: 81-82.
黄玉诚. 2014. 矿山充填理论与技术. 北京: 冶金工业出版社.
黄志亮, 甄胜利, 王正中, 等. 2015. 蒸发塘处理煤化工浓盐水设计探讨. 工业用水与废水, 2: 22-25.
季根源, 张洪平, 李秋玲, 等. 2018. 中国稀土矿产资源现状及其可持续发展对策. 中国矿业, 2018, 27(8): 9-16.
贾明魁. 2012. 薄基岩突水威胁煤层开采覆岩变形破坏演化规律研究. 采矿与安全工程学报, 29(2): 168-172.
姜兴涛, 姜成旭. 2012. 利用蒸发塘处置煤化工浓盐水技术. 化工进展, (S1): 276-278.
靳德武, 葛光荣, 张全. 2018. 高矿化度矿井水节能脱盐新技术. 煤炭科学技术, 46: 12-18.
康兴东, 夏春才. 2015. 镍矿资源现状及未来冶金技术发展. 科技视界, (36): 273-274.
康永华. 1998. 采煤方法变革对导水裂缝带发育规律的影响. 煤炭学报, 23(3): 262-266.

李保平. 2014. 超磁分离技术处理矿井水在节能环保中的应用. 2014 煤炭工业节能减排与生态文明建设论坛论文集, 北京.

李东芩, 刘伯彦. 2018. 矿井水资源化综合利用的配置模式探讨——以济钢张马屯铁矿为例. 中国人口·资源与环境, 28(S1): 187-189.

李福勤, 赵桂峰, 朱云浩, 等. 2018. 高矿化度矿井水零排放工艺研究.煤炭科学技术, 46(9): 81-86.

李厚民, 王登红, 李立兴, 等. 2012. 中国铁矿成矿规律及重点矿集区资源潜力分析. 中国地质, 39(03): 559-580.

李继震,于文举, 王志军, 等. 2000. 曝气-石灰碱化法除铁除锰、降低水的硬度和溶解性总固体含量的研究. 给水排水, 26: 12-13.

李健. 2019. 高级氧化技术在水处理中的研究进展. 环境与发展, 31: 94-95.

李俊萌. 2009. 中国钨矿资源浅析. 中国钨业, 24(6): 9-13.

李庭, 顾大钊, 李井峰, 等. 2018. 基于废弃煤矿采空区的矿井水抽水蓄能调峰系统构建. 煤炭科学技术, 46(09): 93-98.

梁刚. 2012. 司家营铁矿开发对地下水环境扰动评价与保护方法研究. 北京: 中国矿业大学(北京).

凌俊, 秦会敏, 郦和生. 2011. 化学沉淀法处理高浓度含氟废水的研究. 石化技术, 18: 9-11.

刘飞. 2015. DTRO 工艺处理垃圾渗滤液的研究. 环境科技, 2: 25-29.

刘航, 彭稳, 陆继长, 等. 2017. 吸附法处理含氟水体的研究进展.水处理技术, 43: 13-18.

刘启仁. 1988. 我国岩溶充水矿床的基本水文地质特征及岩溶水的防治与利用. 中国岩溶, 4: 61-65.

刘天泉. 1981. 煤矿地表移动与覆岩破坏规律及其应用. 北京: 煤炭工业出版社.

刘天泉. 1995. 矿山岩体采动影响与控制工程学及其应用. 煤炭学报, 1: 1-5.

刘晓, 张宇, 王楠, 等. 2015. 我国铅锌矿资源现状及其发展对策研究. 中国矿业, 24(S1): 6-9.

刘玉强, 乔繁盛. 2007. 我国矿产资源及矿产品供需形势与建议. 矿产与地质, 21(1): 1-7.

刘振利, 程立娜, 董覃. 2015. 陈台沟铁矿的矿井排水利用. 矿业工程, 13(3): 48-49.

刘振宇. 2001. 导水裂隙带高度预测途径探讨. 内蒙古煤炭经济, 3: 72-73.

路长远, 鲁雄刚, 邹星礼, 等. 2015. 中国镍矿资源现状及技术进展. 自然杂志, 37(4): 269-277.

罗晓玲. 2000. 国内外铜矿资源分析. 世界有色金属, 4: 4-10.

马俊学, 陈剑, 滕永波. 2016. 徐楼铁矿防治水技术应用及其效果分析. 工程勘察, 44(12): 33-39.

马满英. 2005. 有机物对地下水化学氧化及混凝除铁的影响试验研究. 长沙: 湖南大学.

毛维东, 周如禄, 郭中权. 2017. 煤矿矿井水零排放处理技术与应用. 煤炭科学技术, 45: 205-210.

梅明, 胡桂周, 魏阳, 等. 2012. 大冶铜绿山矿给排水方案的优化设计. 武汉工程大学学报, 34(09): 44-53.

门彬, 王东升. 2011. 重金属废水处理方法综述. 水工业市场, 8: 65-68.
孟令民. 2013. 地下水源热泵空调系统在首钢杏山铁矿的应用. 金属矿山, 3: 145-147.
宓奎峰, 王建平, 柳振江, 等. 2013. 我国镍矿资源形势与对策. 中国矿业, 22(6): 6-10.
缪协兴. 2012. 综合机械化固体充填采煤技术研究进展. 煤炭学报, 37(08): 1247-1255.
彭林军, 赵晓东, 宋振骐, 等. 2009. 煤矿顶板透水事故预测与控制技术. 西安科技大学学报, 29(2): 140-143, 153.
彭苏萍, 孟召平, 李玉林. 2001. 断层对顶板稳定性影响相似模拟试验研究. 煤田地质与勘探, 12(3): 1-4.
祁洁. 2003. 合理利用矿井排水作为矿山生产用水水源. 矿业工程, 4: 53-54.
钱鸣高. 2005. 对中国煤炭工业发展的思考. 中国煤炭, 31(6): 5-9.
钱鸣高, 缪协兴, 许家林. 1996. 岩层控制中的关键层理论. 煤炭学报, 21(3): 225-230.
钱鸣高, 石平五, 许家林. 2010. 矿山压力与岩层控制. 徐州: 中国矿业大学出版社.
秦红正, 王麒. 2017. 鄂托克前旗长城五号矿业有限公司长城五号矿井环境影响报告. 北京: 中煤科工集团北京华宇工程有限公司.
瞿瑞. 2016. 高含盐废水近零排放技术研究. 重庆: 重庆交通大学.
邵爱军, 彭建平, 张永强, 等. 2007. 邯郸邢台地区矿山排水与利用. 南水北调与水利科技, 1: 61-63.
邵武, 宋岩, 王彩红. 2011. 人工湿地处理酸性矿井水的研究. 环境工程, (5): 45-47.
圣圆水务有限责任公司. 2018. 伊金霍洛旗疏干水综合利用环境整治示范项目简要材料. 鄂尔多斯: 鄂尔多斯市圣圆水务有限责任公司.
盛继福, 陈郑辉, 刘丽君, 等. 2015. 中国钨矿成矿规律概要. 地质学报, 89(6): 1038-1050.
盛垒, 权衡. 2018. 区域经济分化态势与经济新常态地理格局. 复旦学报(社会科学版), 60(3): 135-145.
石平五, 侯忠杰. 1996. 神府浅埋煤层顶板破断运动规律. 西安矿业学院学报, 16(6): 203-207.
石晓嵩, 祁锦成. 2017. MVR 技术在含盐废水处理领域的应用. 盐业与化工, 46: 5-8.
宋宝旭, 刘四清. 2012. 国内选矿厂废水处理现状与研究进展.矿冶, 21(2): 97-103.
宋万强, 张忠祥, 孙长生. 2018. 贾家堡铁矿采场排水与回收利用. 现代矿业, 34(2): 198-200.
宋振骐. 1988. 实用矿山压力理论. 徐州: 中国矿业大学出版社.
孙涛, 王登红, 娄德波, 等. 2014. 中国成镍带与找矿方向探讨. 中国地质, 41(6): 1986-2001.
孙亚军, 陈歌, 徐智敏, 等. 2020. 我国煤矿区水环境现状及矿井水处理利用研究进展. 煤炭学报, 45(01): 304-316.
唐守营. 2011. 矿井水在归来庄金矿的应用. 北京: 中国地质调查局环境检测院.
滕永波. 2017. 地下金属矿山绿色产业链模式构建与应用研究. 北京: 中国地质大学(北京).
王飞龙. 2014. 浅埋深煤层河床下限高协调开采技术及应用研究. 西安: 西安科技大学.
王洪林, 陈见行, 董合祥. 2010. 矿井水的主要类型及其防治措施. 山东煤炭科技, 3: 193-194.
王建国, 马杰. 2008. 河东金矿废水回用研究与应用. 有色金属(选矿部分), 3: 36-43.

王雷, 崔子伟, 孙田文. 2010. 振动式膜过滤装置的设计与分析. 机械设计与制造, 11: 6-8.

王莉娜. 2014. 神东矿区矿井水悬浮物处理技术. 能源环境保护, 5: 36-38.

王立艳, 王璐, 张云剑, 等. 2010. 微生物在酸性矿井水形成过程中的作用. 洁净煤技术, 16: 104-107.

王连国, 王占盛, 黄继辉, 等. 2012. 薄基岩厚风积沙浅埋煤层导水裂隙带高度预计. 采矿与安全工程学报, 29(5): 607-612.

王琳, 王宝贞, 张维佳, 等. 2001. 含铁、锰水源水深度处理工艺的运行实验研究. 环境科学学报, 21: 134-139.

王全明. 2005. 我国铜矿勘查程度及资源潜力预测. 北京: 中国地质大学(北京).

未来能源金鸡滩煤矿. 2018. 未来能源金鸡滩煤矿疏干水综合利用情况汇报材料. 榆林: 兖矿集团陕西未来能源化工有限公司.

魏春霞. 2018. 中国金矿资源的现状及前景分析. 中国金属通报, (1):19-20.

文博杰, 陈毓川, 王高尚, 等. 2019. 2035年中国能源与矿产资源需求展望.中国工程科学, 1: 11.

吴吟. 2012. 中国煤矿充填开采技术的成效与发展方向. 中国煤炭, 38(6): 5-10.

夏大平. 2009. 焦作矿区矿井水资源化研究. 焦作: 河南理工大学.

夏克尔江·艾尼. 2019. 鄯善县帕尔岗铁矿采选项目取水影响分析. 陕西水利, 1: 90-92.

谢和平, 侯正猛, 高峰, 等. 2015. 煤矿井下抽水蓄能发电新技术:原理、现状及展望. 煤炭学报, 40(5): 965-972.

邢继亮, 杨宝贵, 李永亮, 等. 2013. 煤矿充填开采技术的发展方向探讨. 煤矿安全, 44(12): 189-191.

徐志诚. 2005. 酸性矿井水的人工湿地处理方法综述. 矿业安全与环保, 16(2): 28-31.

许家林, 王晓振, 刘文涛, 等. 2009. 覆岩主关键层位置对导水裂隙带高度的影响. 岩石力学与工程学报, 28(2): 380-385.

许家林, 轩大洋, 朱卫兵. 2011. 充填采煤技术现状与展望. 采矿技术, 11(3): 24-30.

许家林, 轩大洋, 朱卫兵, 等. 2015. 部分充填采煤技术的研究与实践. 煤炭学报, 40(6): 1303-1312.

许家林, 轩大洋, 朱卫兵, 等. 2019. 基于关键层控制的部分充填采煤技术. 采矿与岩层控制工程学报, 1(2): 69-76.

许家林, 朱卫兵, 王晓振, 等. 2009. 浅埋煤层覆岩关键层结构分类. 煤炭学报, 34(7): 865-890.

许世华. 2002. 矿井水的来源及其防治措施. 矿业安全与环保, (S1): 84-86.

严国栋, 李富平, 李闻杰, 等. 2012. 南李庄铁矿井巷掘进期间防水措施探讨. 科技创新导报, 14: 114.

严俊杰, 王金华, 邵树峰, 等. 2005. 多级闪蒸海水淡化系统的改进研究.西安交通大学学报, 39: 1165-1168, 1181.

杨宝贵, 王俊涛, 李永亮, 等. 2013. 煤矿井下高浓度胶结充填开采技术. 煤炭科学技术, 41(8): 22-26.
杨建安, 洪安娜. 2018. 宜丰新庄铜铅锌矿地下水综合防治技术. 金属矿山, (7): 175-178.
杨鹏民. 2009. 煤矿酸性矿井水处理利用研究的现状和进展. 科技创新导报, (1): 125.
杨文钦, 李秀晗, 胡东祥. 2001. 济宁二号矿三下煤层冒裂带高度试验研究. 山东煤炭科技, 3: 29-30.
佚名. 2017. 德国首创废弃煤矿储能水电站. 能源与环境, (6): 25.
易德礼, 檀双英, 吴俊松. 2004. 祁东煤矿 3224 工作面开采“两带”高度特征研究. 江苏煤炭, 3: 37-39.
易继宁, 郭佳, 靳松, 等. 2019. 我国金属矿产资源产业转移态势的产业梯度系数视角分析. 现代矿业, 35(7): 1-5.
易晓剑, 刘梦岐. 2002. 钨的消费现状及需求预测. 稀有金属与硬质合金, 30(4): 51-53.
应立娟, 陈毓川, 王登红, 等. 2014. 中国铜矿成矿规律概要. 地质学报, 88(12): 2216-2226.
余良晖, 马茁卉, 周海东. 2013. 我国钨矿资源开发利用现状与发展建议. 中国钨业, 28(4): 6-9.
翟新献. 2002. 放顶煤工作面顶板岩层移动相似模拟研究. 岩石力学与工程学报, 21(11): 1667-1671.
张达, 张琨. 2012. 海水淡化技术进展及能源综合利用. 节能, 31: 10-14.
张德胜, 吴吉龙, 李龙龙, 等. 2018. 尖山铁矿选厂节水优化措施及实践. 矿业工程, 16(6): 30-33.
张海洋. 2014. 我国煤炭工业现状及可持续发展战略. 煤炭科学技术, 42(S1): 281-284.
张吉雄, 周跃进, 黄艳利. 2012. 综合机械化固体充填采煤一体化技术. 煤炭科学技术, 40(11): 10-13+27.
张俊洁. 2012. 新型吸附材料处理矿井水中 Fe^{2+}、Mn^{2+}的试验研究. 阜新: 辽宁工程技术大学.
张庆丰, 郑卫民, 赵振才, 等. 2008. 高分子絮凝剂在司家营铁矿生产循环水中的应用//全国金属矿山难选矿及低品位矿选矿新技术学术研讨与技术成果交流暨设备展示会, 深圳.
张文海, 张吉雄, 赵计生, 等. 2007. 矸石充填采煤工艺及配套设备研究. 采矿与安全工程学报, 1: 79-83.
张文钊, 卿敏, 牛翠祎, 等. 2014. 中国金矿床类型、时空分布规律及找矿方向概述. 矿物岩石地球化学通报, 33(5): 721-732.
赵凤阳, 姜永健, 刘涛, 等. 2018. 纳滤膜新型材料研究 . 化学进展, 30(7): 1013-1027.
赵洋, 鞠美庭, 沈镭. 2011. 我国矿产资源安全现状及对策. 资源与产业, 13(6): 79-83.
郑毅. 2012. 铅锌矿采选对地下水环境的影响研究. 呼和浩特: 内蒙古大学.
郑志军, 张国强, 赵团芝, 等. 2008. 复杂大水矿床建设井巷过断层突水防治技术. 金属矿山, 3: 54-57.

中国黄金协会编委会. 2015. 中国黄金年鉴2015. 北京: 中国黄金协会.

中华人民共和国国土资源部. 2019. 2019中国矿产资源报告.

周高举, 董胜利, 王建康, 等. 2015. 浅谈膏体充填开采技术. 煤矿现代化, 4: 33-34, 37.

周如禄, 高亮, 陈明智, 等. 2001. 煤矿含悬浮物矿井水净化处理技术探讨. 煤矿环境保护, 14(1): 10-12.

朱训. 1999. 中国矿情. 北京: 科学出版社.

祝世平, 王伏春, 曾夏生. 2007. 大红山矿帷幕注浆治水工程及其评价. 金属矿山, 9: 79-83.

DeepTech深科技. 2018. 煤矿首次被用作储能设施德国将矿井转为巨型蓄电池. http://www.sohu.com/a/129827063 _354973.

Al-Amshawee S, Yunus M Y B M, Azoddein A A M, et al. 2020. Electrodialysis desalination for water and wastewater: A review . Chemical Engineering Journal, 380: 122231.

Alghoul M A, Poovanaesvaran P, Sopian K, et al. 2009. Review of brackish water reverse osmosis (BWRO) system designs. Renewable and Sustainable Energy Reviews, 13: 2661-2667.

Arahman N, Mulyati S, Lubis M R, et al. 2016. The removal of fluoride from water based on applied current and membrane types in electrodialyis. Journal of Fluorine Chemistry, 191: 97-102.

Bennetts K. 2018. Wilpinjong coal mine 2017 annual review. New South Wales: Peabody.

Bodzek M, Rajca M, Tyla M, et al. 2018. Nanofiltration enhancing the mine water treatment. Desalination and Water Treatment, 128: 372-382.

Campione A, Gurreri L, Ciofalo M, et al. 2018. Electrodialysis for water desalination: A critical assessment of recent developments on process fundamentals, models and applications. Desalination, 434: 121-160.

Christian W, Rob B. 2005. Contemporary reviews of mine water studies in europe. Mine Water and the Environment, 24(3): 113.

Conca J L, Wright J. 2006. An apatite Ⅱ permeable reactive barrier to remediate groundwater containing Zn, Pb and Cd. Applied Geochemistry, 21(8): 1288-1300.

Dahmardeh H, Akhlaghi Amiri H A, Nowee S M. 2019. Evaluation of mechanical vapor recompression crystallization process for treatment of high salinity wastewater . Chemical Engineering and Processing-Process Intensification, 145: 107682.

Damtie M M, Woo Y C, Kim B, et al. 2019. Removal of fluoride in membrane-based water and wastewater treatment technologies: Performance review. Journal of Environmental Management, 251: 109524.

Demchak J, Morrow T, Skousen J. 2001. Treatment of acid mine drainage by four vertical flow wetlands in Pennsylvania. Geochemistry: Exploration, Environment, Analysis, 1(1): 71-80.

Drioli E, Ali A, Macedonio F. 2015. Membrane distillation: Recent developments and perspectives. Desalination, 356: 56-84.

Drnry L. 1998. Mine water management by aquifer injection engineering: International Mine Water Association Symposium 1998, Johamesburg.

Eger P. 2010.Modular ion exchange treatment of mine water at Soudan state park: Joint Mining Reclamation Conf. 2010-27th Meeting of the ASMR, 12th Pennsylvania Abandoned Mine Reclamation Conf. and 4th Appalachian Regional Reforestation Initiative Mined Land Reforestation Conference, Pittsburge. PA.

Ezzeddine A, Meftah N, Hannachi A. 2015. Removal of fluoride from an industrial wastewater by a hybrid process combining precipitation and reverse osmosis. Desalination and Water Treatment, 55: 2618-2625.

Fleming H. 2013. Water management in the mining industry//International Council on Mining & Metals. Anglo American.

Ghobeity A,Mitsos A. 2014. Optimal design and operation of desalination systems: New challenges and recent advances. Current Opinion in Chemical Engineering, 6: 61-68.

Glover H G.1983. Mine water pollution-An overview of problems and control strategies in the United Kingdom.Water Science and Technology, 15(2): 59-70.

Golder Assiociation. 2009. Literature review of treatment technologies to remove selenium from mining influenced water. https://www.namc.org/docs/00057713.PDF.

Henthorne L, Boysen B. 2015. State-of-the-art of reverse osmosis desalination pretreatment. Desalination, 356: 129-139.

Huang C, Xu T. 2006. Electrodialysis with bipolar membranes for sustainable development. Environmental Science & Technology, 40: 5233-5243.

Hutton B, Kahan I, Naidu T, et al. 2009. Operating and maintenance experience at the eMalahleni water reclamation plant//International Mine Water Conference, Pretoria.

ITRC. 2010. Mining waste treatmeng technology selection. https: prcjects. itrcweb. org/mining wasted-guidance.

Johnson D B, Hallberg K B. 2005. Acid mine drainage remediation options: A review. Science of the Total Environment, 338(1-2): 3-14.

Li Y, Huang H, Xu Z, et al. 2020. Mechanism study on manganese(II) removal from acid mine wastewater using red mud and its application to a lab-scale column. Journal of Cleaner Production, 253: 119955.

Loredo J, Marques Sierra A, Garcia-Ordiales E. 2009. Mine water reuse: 3rd International Conference Towards sustainable development: Assessing the footprint of resource utilization and hazardous waste management, Greece.

Malolepszy Z, Demollin S E, Bowers D. 2005. Potential use of geothermal mine waters in Europe//World Geothermal Congress 2005, Turkey.

Mullett M, Fornarelli R, Ralph D. 2014. Nanofiltration of mine water: Impact of feed pH and membrane charge on resource recovery and water discharge. Membranes, 4(2): 163-180.

Nairn R W, Mercer M N. 2000. Alkalinity generation and metals retention in a successive alkalinity producing system. Mine Water and the Environment, 19(2): 124-133.

Rubio R F, Fernández D L. 2010. Artificial recharge of groundwater in mining: International Mine Water Association Symposium – Mine Water and Innovative Thinking, Nova Scotia.

Sandy T, Di Sante. 2010. Review of available technologies for the removal of selenium from water. http: //namc.org/ docs/00062756. PDF.

Singh N B, Nagpal G, Agrawal S, et al. 2018. Water purification by using Adsorbents: A Review . Environmental Technology & Innovation, 11: 187-240.

Skousen J, Zipper C E, Rose A, et al. 2017. Review of passive systems for acid mine drainage treatment. Mine Water and the Environment, 36(1): 133-153.

Thiruvenkatachari R, Francis M, Cunnington M, et al. 2016.Application of integrated forward and reverse osmosis for coal mine wastewater desalination. Separation and Purification Technology, 163:181-188.

U.S.EPA. 2014.Reference guide to treatment technologies for mining-influenced water. United States Environmental Protection Agency.

Ullah R, Khraisheh M, Esteves R J, et al. 2018. Energy efficiency of direct contact membrane distillation. Desalination, 433: 56-67.

US Geological Survey. 2017. Mineral commodity Summaries 2017. Reston: US Geological Survey.

US Geological Survey. 2019. Mineral commodity Summaries 2019. Reston: US Geological Survey.

Veil J, Kupar J, Puder M, et al. 2003. Beneficial use of mine pool water for power generation. Ground Water Protection Council Annual Forum, Niagara Falls.

Verhoeven R, Willems E, Harcouët M V, et al. 2014. Minewater 2.0 project in Heerlen the Netherlands: Transformation of a geothermal mine water pilot project into a full scale hybrid sustainable energy infrastructure for heating and cooling. Energy Procedia, 46: 58-67.

Viadero R C, Tierney A E, Semmens K J. 2004. Use of treated mine water for rainbow trout (Oncorhynchus mykiss) culture: A production scale assessment. Aquacultural Engineering, 31(3-4): 319-336.

Wang P, Chung T-S. 2015. Recent advances in membrane distillation processes: Membrane development, configuration design and application exploring . Journal of Membrane Science, 474: 39-56.

Watzlaf G R, Schroeder K T, Kairies C L. 2000. Long-term performance of anoxic limestone drains. Mine Water and the Environment, 19(2): 98-110.

Wieber G, Pohl S. 2008. Mine water: A Source of geothermal energy-examples from the Rhenish Massif//10th International Mine Water Association Congress. Czech Republic.

Xue Y, Du X, Ge Z, et al. 2018. Study on multi-effect distillation of seawater with low-grade heat utilization of thermal power generating unit. Applied Thermal Engineering, 141: 589-599.

Zhu C, Wang S, Hu K M, et al. 2013. Study on fluoride, iron and manganese removal from aqueous solutions by a novel composite adsorbent. Advanced Materials Research, 821-822: 1085-1092.